Ravikumar Kurup
Parameswara Achuthа Kurup

Współczesny tribalizm

Ravikumar Kurup
Parameswara Achutha Kurup

Współczesny tribalizm

Syndrom mentalności oblężniczej i polityka anty-migracyjna

Wydawnictwo Bezkresy Wiedzy

Imprint

Cover image: www.ingimage.com

Publisher:
Wydawnictwo Bezkresy Wiedzy
is a trademark of
International Book Market Service Ltd., member of OmniScriptum Publishing Group
17 Meldrum Street, Beau Bassin 71504, Mauritius

Printed at: see last page
ISBN: 978-620-0-81718-1

NOWOCZESNY TRIBALIZM - SYNDROM OBLĘŻNICZEJ MENTALNOŚCI I ANTY-MIGRACYJNEJ PRAWICY

RAVIKUMAR Kurup A. i Parameswara Achutha Kurup
Centrum Badań nad Zaburzeniami Metabolicznymi,
TC 4/1525, Gouri Sadan, Kattu Road
Na północ od Cliff House, Kowdiar PO
Trivandrum, Kerala, Indie
Email: ravikurup13@yahoo.in

SPIS TREŚCI

ROZDZIAŁ 1

NEANDERTALSKIE INDO-EUROPEJSKIE ARYO-DRAVIDIANS I HOMO SAPIEN SEMITES I AFRICANS

Historia świata może być uważana za odwieczny konflikt pomiędzy neandertalskimi Indo-Europejskimi Aryo-Dravidianami a semickim homo sapiens. Analiza historii ludzkości w oparciu o kąt etnantropologiczny wskazuje na konflikt gatunkowy, który kształtuje geopolitykę świata. Przykładów jest wiele. Powstanie i podbój Europy przez chrześcijaństwo było zwycięstwem semickiego homo sapiens nad neandertalskimi grupami indo-europejskimi aryo-dravidian. Neandertalskie Indo-Europejskie Aryo-Dravidowskie religie pogańskie zostały zniszczone przez kulturowe i ludzkie ludobójstwo. Muzułmański podbój Europy, Iranu i Indii jest przykładem semickiego homo sapien muzułmańskiej dominacji i zwycięstwa nad indo-europejskimi aryo-dravidyjskimi pogańskimi elitami w Eurazji. Muzułmański podbój Europy i Azji, w tym Indii, był okrutny i doprowadził do powszechnego ludobójstwa wśród ludności. Równie okrutne było ludobójstwo neandertalskich Ormian przez homo sapienskich Turków, co doprowadziło do ludobójstwa Ormian. Rewolucja rosyjska i francuska zostały przeprowadzone przez przywódców żydowskich, którzy szerzyli idee równości, socjalizmu, demokracji i braterstwa, co doprowadziło do całkowitej zagłady indoeuropejskiej aryjsko-dravidyjskiej elity i jej kultury. Ruch komunistyczny był semickim homo sapieńskim ruchem międzynarodowym, który podobnie jak chrześcijaństwo ujednolicił świat i zniszczył europejską i indyjską neandertalską indoeuropejską aryjsko-dradyjską elitę. Globalizacja była ruchem semickim homo sapien, który zhomogenizował świat i kultury oraz doprowadził do powstania koncepcji świata jako wioski. To zniszczyło indo-europejską tożsamość aryo-dravidiańską, a neokonserwatywne ruchy antyglobalistyczne są odzwierciedleniem tego rewizjonizmu.

Pogańskie religie wierzące w panpsychizm należą do Indo-Europejczyków, Neandertalczyków i Aryo-Dravidów, którzy wywodzili się z lądu lemuryjskiego, który obejmował półwysep indyjski i Antarktydę. Indo-Europejczycy, Neandertalczycy i Aryo-Dravidianie wywodzili się z lądu lemuryjskiego, który obejmował półwysep Indie i Antarktydę. Skamieniała matrilinowa społeczność Nair w Kerali reprezentuje Indo-Europejską, Neandertalską i Aryo-Dravidiańską społeczność, która wywodzi się ze starego kontynentu Lemuria lub Kumari Kandam łączącego półwysep Indie z Antarktydą. Zaginione miasta zostały opisane pod pokrywą lodową Antarktydy i na dnie Oceanu Indyjskiego. Postuluje się w nich pochodzenie z Antarktydy lub Lemurów dla mieszkańców Indo-Europy i Aryo-Dravidów. Asurowie i Dewy są przyrodnimi braćmi i synami Kaszjapa i jego dwóch żon - Diti i Aditi. Aditi urodził Devas, podczas gdy Diti urodził Asuras, Kadru Nagas, Arishta Gandharvas i Yakshas, a Danu Danavas, którzy są demonami. Kasjapa był Saptarishi, który był synem Pradżapatiego Marichi, który był manasaputrą Brahmy. Asuras i Devas są ze sobą powiązani i spokrewnieni. The Bóg the Vedas jak Varuna i Sziwa mieć asuryczny początek. The Indo-Europejczyk i Aryo-Dravidians mieć pospolity początek w półwyspowy India i Antarktyda jako część Lemuriański lądowy masa. Narażenie na globalne ocieplenie i niski poziom EMF prowadzi do archeologicznej endosymbiozy i neandertalizacji populacji. Prowadzi to do powstawania neonandertalczyków lub nowych Aryo-Dravidian lub Indo-Europejczyków. To postuluje hipotezę spoza Azji. Indo-Europejczycy, Aryjczycy, Drawidianie, Mongoloiści, australijscy aborygenci i neandertalczycy są synonimami i powstały na lemurskim kontynencie antarktycznym. Wpisuje się to w hipotezę spoza Azji. Ernst Haeckel postulował, że Hindustan jest miejscem, gdzie zachodziła ewolucja człowieka. Ludzie są spokrewnieni z naczelnymi w Azji Południowej i Południowo-Wschodniej, w tym z Lemurami. Kontynent lemurski lub Kumari Kandam to miejsce, z którego pochodzą Indo-Europejczycy, Aryo-Dravidianie i Neandertalczycy. Obejmuje on Australię, Południowe Indie, Antarktydę, Madagaskar i Republikę Południowej Afryki. Zaginione miasta zostały znalezione na dnie Oceanu Indyjskiego i pod pokrywą lodową Antarktydy. Lemuria lub Kumari Kandam można uznać za Indo-Europejczyk, Neandertalczyk i Aryo-Dravidian Urheimet. Wszystkie te trzy Indo-Europejczyk, Neandertalczyk i Aryo-Dravidian są synonimami. Oni być matriarchalny i kobieta dominujący. Wedyjski sposób postępowania jest oparty na Manusmrithi. Manusmrithi jest podstawą cywilizacji wedyjskiej. Manu był królem Dravidian. Asuras i Devas, jak również Dobro i zło byli braćmi. The tsunami w the Indiański ocean łamać the Lemurian kontynent i Manu prowadzić jego ludzie the Euroazjatycki masa i ustanawiać kolonia w Harappa, Mohenjo-Daro, Sumeria, Persja i Egipt. To jest oryginalny mit o powodzi. Aryjczycy, Drawidianie, Indo-Europejczycy, Anglosasi, Celtowie, Mongolodzi, w tym Chińczycy, Japończycy i Koreańczycy, Słowianie i Bizantyjczycy, szyickie plemiona Iranu, Zoroastryjczycy, plemiona Sufi z Afryki Północnej, Egiptu, Anatolii, Turcji, Kurdystanu, Syryjscy alawici, Amerykanie, południowoamerykańskie i indyjskie plemiona - Aztekowie, Majowie, Inkowie, Polinezyjczycy, Chazarzy i Aszkenazyjczycy oraz australijscy aborygenci należą do indoeuropejskiej, aryjsko-dradyjskiej grupy neandertalczyków. Mają jasny kolor skóry ze względu na ich pochodzenie z Lemurii, w tym z Antarktydy. Amerykanie i Hindusi z

Ameryki Północnej i Południowej wyemigrowali z Euroazjatyckich stepów, zwłaszcza z syberyjskiego regionu Ałtaju. Japoński język samurajski jest spokrewniony z językiem Dravidiańskim. Chrześcijaństwo bizantyjskie, chrześcijaństwo gnostyckie, kabala żydowska, rytuały szyickie i kult sufi mają podobieństwo do mistycyzmu hinduskiego. Tradycja mówi, że cywilizacja Majów została stworzona przez hinduskiego architekta Majów, azteccy bogowie Majów i Inków są podobni do bogów hinduistycznych. Wszystkie te grupy kulturowe znajdują się pod parasolem Indo-Europejskiej, Aryo-Dravidyjskiej grupy neandertalczyków, która wywodzi się z Lemurii lub Kumari Kandam, w tym z półwyspu Indii i Antarktydy. Ta kulturowa indoeuropejska, aryo-dravidowska grupa neandertalczyków miała wysoką endosymbiotyczną gęstość archeologiczną i odporność wsteczną. Indo-europejska aryo-dravidowska grupa neandertalczyków była zorganizowana w ramach hierarchicznego systemu kastowego Kshatriyas, Brahmins, Vaisyas i Sudras. Ten system kastowy był zawodowy i praktycznie umiejętności wymagane do rozwoju mózgu każdej kasty wynikały z mechanizmów endosymbiotycznych zmian gęstości symbiotycznej oraz archeologicznego modelowania wiroidalnego quasi-gatunkowego RNA. Kasty były hodowane w celu wygenerowania umiejętności wymaganych do rozwoju mózgu dla każdego zawodu. Ponieważ kasta była substratem symbiotycznym, była wymienna. Byli królowie Sudra, zwłaszcza Maurysi, a między drabinami kasty elastycznej następowało ciągłe przesuwanie się. Indoeuropejska aryjsko-dradyjska populacja neandertalczyków ewoluowała w Lemurii, Antarktydzie, Kumari Kandam, a z powodu powtarzających się tsunami, które rozbiły kontynent, ludność była zmuszona do migracji do indyjskiej masy lądującej jako część Eurazji. Z tej indyjskiej masy lądowej indiańska ludność aryjsko-dradyjska wraz z jej kulturą, umiejętnościami, filozofią i historią migrowała do Harappy, Mohenjo-Daro, Syberii, regionu Ałtaju, Sumerii, Anatolii, regionu euroazjatyckiego, ojczyzny anglosaskiej, Iberii, australijskiej ziemi rdzennej, obu Ameryk i stała się kulturą światową. Tsunami wiązało się z natychmiastową migracją indoeuropejskiej aryjsko-dravidyjskiej ludności neandertalskiej z rozbitej Antarktyki Lemurskiej Kumari Kandam do masywu lądu indyjskiego, który jako część Eurazji i kamień milowy do dalszej migracji był głównym punktem orientacyjnym. Indo-Europejska aryjsko-dravidyjska neandertalska wspólnota Wedów, która migrowała po powodzi do Euroazjatyckiej masy Indian, była zorganizowanym społeczeństwem o hierarchicznym systemie kastowym. The vedic społeczeństwo religijny ceremonia zawierać yagna i homas vedic bóg jak Indra, Vishnu, Varuna, Aryaman, Soma i Agni. Religia być elitarny abstrakcyjny religia. The Indo-Europejski Aryo-Dravidian Neandertalczyk migrujący populacja the Indiański masa ziemska che być część Eurazja spotykać z Afrykański imigrant the homo sapien różnorodność kto już osiedlać tam w the Indiański część the Euroazjatycki masa ziemska nad wiek. Ci afrykańscy migranci i muzułmanie znajdowali się poza systemem kastowym. Migranci afrykańscy spoza systemu kastowego Indo-Europejskiej Aryo-Dravidyjskiej Grupy Neandertalczyków to w zasadzie Harijczycy i Adivasi oraz migrujący Afrykańczycy i muzułmanie afroarabscy. Ale między tymi grupami miała miejsce ciągła wymiana idei i wymiana kulturowa. Ci afrykańscy migranci z Etiopii, Sudanu, Somalii i rogu Afryki przywieźli swoją kulturę, bogów i duchowość na subkontynent indyjski. Homo sapien afrykańscy migranci z Rogu Afryki migrowali wzdłuż perskiego wybrzeża do Indii. To homo sapien afrykańskie społeczeństwo było egalitarne i nie istniał system kastowy. Wraz z migrantami afrykańskimi homo sapien Semites, zwłaszcza muzułmanie, migrowali z Rogu Afryki i Arabii do Indii. Homo sapien afrykańscy migranci i muzułmańscy migranci noszący choroby takie jak anemia sierpowata i talasemia do Indii. Indyjsko-europejscy aryjsko-dradyjscy neandertalczycy należeli do systemu kastowego lub do Warny. Afrykańsko-indyjscy i muzułmańscy Indianie znajdowali się poza jasnym systemem kastowym. The bóg the Afrykanin-Indianie zawierać the czarny bóg jak Krishna, Murugan, Shiva i Kali. Przybyli oni z zachodniego wybrzeża Indii, gdzie afrykańscy migranci homo sapien osiedlili się z ich rodzinnej ziemi w Etiopii, Somalii i rogu Afryki. Te migrant miewać płaski nos i byczy warga i segregować the Indo-Europejski Aryo-Dravidian Neandertalczyk rasowo organizować migrant od Lemuria Kumari Kandam z ich vedic kultura i Bóg jak Varuna i Indra. Później the Indo-Europejski Aryo-Dravidian Neandertalczyk populacja adoptować Krishna, Shiva i Kali jako ich swój Bóg. The cześć Shiva, Krishna i Matka Kali być powszechny i the Afrykański imigrant kontynuować ich cześć ich Bóg. Afrykańsko-indyjscy migranci czcili również węże, zwierzęta, słonie, drzewa i rzeki, tak jak czynią to w Afryce. Byli oni panpsychicznymi czcicielami środowiska. Afrykańscy migranci czcili bożków Matki Kali, Sziwy i Kryszny, a ich osady miejskie nazywały się Krishna Garbhas. Ważne hinduskie festiwale Durgi pooja, Kali pooja, Shivarathri, Janmashtami i Holi z ich dźwiękami, kolorem i aktywnością są pochodzenia afrykańskiego. Ci afrykańscy bogowie byli początkowo opisywani w Wedach jako źli, agresywni i niszczycielscy. Później afrykańscy bogowie-migranci i ich festiwale zostały podjęte przez indoeuropejskiego aryjsko-dravidyjskiego neandertalczyka, który połączył je z ich abstrakcyjną elitarną religią wedycką. To samo zjawisko można zaobserwować w ruchu rastafarian, który ewoluował na Jamajce, gdy afrykańscy migranci współdziałali z robotnikami indyjskimi, przywożąc na Jamajkę pracę Brytyjczyków. Afrykańscy migranci powrócili do pogańskiego afrykańsko-indyjskiego sposobu oddawania czci, zwłaszcza Bogu Shiva. Wzięli też na siebie praktykę zapuszczania długich kęsów włosów, jedzenia bhangów czy marihuany i stworzyli wspaniałą muzykę. Wierzyli w Boga Jah jak Brahma, który był w każdym. Przyjęli hinduskie praktyki, a rytuały Voodoo wynikają z tej kombinacji. Etiopczycy, Erytrejczycy, Somalijczycy i kenijscy homo sapien Africans miliony lat temu wyemigrowali do Indii wzdłuż perskiego wybrzeża Makaran i osiedlili się w indyjskiej masie lądowej jako część Eurazji przed nadejściem indyjskiej aryjsko-dravidyjskiej grupy neandertalczyków migrujących z zalanych i rozbitych lemurskich Antarktydy Kumari Kandam. Ale w końcu homo sapien afrykańscy migranci, którzy byli poza systemem kastowym, mieli swoich bogów i festiwale akceptowane przez indonezyjskich aryjsko-dravidiańskich osadników z Lemurii Kumari Kandam. Tak intuicyjny cerebellar dominujący vedic religia Indo-Europejski Aryo-Dravidian Neandertalczyk pochodzić od Lemuria i Kumari Kandam z swój abstrakcyjny pojęcie, yagnas i mantra dodawać dalej panpsychizm religijny pojęcie Shiva, Krishna, Kali, wąż cześć, zwierzę cześć Afrykański migrant India zamieszkały the część India dołączać Euroazjatycki masa ziemia tworzyć mistyczny i abstrakcyjny synkretyczny Hinduski religia. Dwie populacje indoeuropejskiej aryjsko-dravidyjskiej neandertalskiej i afrykańskiej ludności migrującej, w tym plemienia i kasty planowej Harijans poza systemem Warny, pozostały oddzielne. Inny gatunek ludzki - homo sapiens miał niezależne pochodzenie z Afryki i ewoluował z powodu mniejszej gęstości symbiozy archeologicznej i infekcji retro-wirusowej. Cała populacja afrykańska należy do grupy homo sapiens. The Żydowski rasa mieć mieszany początek z Chazarski Żyd mieć Neandertalczyk Indo-Europejski Aryo-Dravidian początek i the Sepharidic i Mizrahic Żyd być homo sapien. Semityccy Arabowie, jak Żydzi sefardyjscy i mizrahiccy, są również afrykańskim homo sapien pochodzenia. Istnieje tarcie pomiędzy indoeuropejską, aryjsko-dradyjską grupą neandertalczyków a afrykańskimi i semickimi grupami muzułmanów i Żydów homo sapien. Homo sapien Semites rozwijają chrześcijaństwo i islam jako korową religię logiki i zorganizowane życie obywatelskie ze swoimi kodeksami postępowania. Afrykańska i europejska religia pogańska była konsumowana przez korowe, logiczne, niemistyczne religie chrześcijańskie i islamskie. Europejski pogaństwo dokonuje zmartwychwstania w Rosji i Europie wraz z dekadencją chrześcijaństwa. Narażenie na globalne ocieplenie i niski poziom EMF prowadzi do archeologicznej endosymbiozy i neandertalizacji ludności. Prowadzi to do powstania nowej grupy neoneandertalczyków lub nowych Aryo-Dravidian czy Indian. Indyjsko-europejscy aryo-drawidacyjni neandertalczycy są w ciągłym konflikcie rasowym z homo sapiens. Przykładami indo-europejskich aryjsko-dravidiańskich represji homo sapiens są: nazistowskie ludobójstwo Żydów, faszyzm i nazizm, niewolnictwo Afrykańczyków i opresja kastowa wobec Harijczyków w Indiach. Z drugiej strony do przykładów tłumienia homo sapiens przez rasę aryjsko-dravidiańską w Europie należą: szerzenie się chrześcijaństwa na świecie, komunistyczna dominacja Europy, muzułmański podbój Indii i Europy, szerzenie się demokracji i egalitaryzmu przez rewolucję francuską i rosyjską pod przewodnictwem żydowskich przywódców oraz zjawisko globalizacji wywołane przez zdominowane przez Żydów konglomeraty bankowe. Neandertalczyk odporny na infekcje retrowirusowe i neandertalczyk służący jako sanktuarium dla nowo wygenerowanych in situ wirusów RNA może zniszczyć populacje homo sapien, które są wrażliwe na infekcje retrowirusowe i podatne na zakażenie nawracającymi epidemiami wirusów RNA. Stały niski poziom ekspozycji na pola elektromagnetyczne w Internecie, jak również globalne ocieplenie mogą prowadzić do endosymbiotycznego wzrostu archeologicznego i neandertalizacji homo sapiens prowadząc do ich wyginięcia. Indo-europejskie aryo-dravidyjskie neandertalki - nowe i stare - mogą również wyginąć w późniejszym czasie z powodu chorób cywilizacyjnych, takich jak choroba autoimmunologiczna, rak, zwyrodnienia, choroby psychiczne i zespół metaboliczny wywołany przez archeologiczną endosymbiozę.

Historia Indii może być uważana za odwieczny konflikt między neandertalskimi Indo-Europejskimi Aryo-Dravidianami a homo sapien Semitic African migrants to India. Afrykańscy migranci, którzy podróżowali wzdłuż wybrzeża Makhry i osiedlili się w Indiach, byli zdominowani przez indonezyjsko-europejskie aryjsko-dradyjskie grupy neandertalczyków, które przybyły do Indii po rozpadzie lemurskiej ojczyzny Antarktydy. Indo-Europejski Aryo-Dravidian elita tworzyć kastowy system Kshatriyas, Brahmins, Vaisysas i Sudras, Afrykański migrant tworzyć planowany kasta i planowany plemiona i być z kastowy system. Była to forma apartheidu lub niewolnictwa. Kasta planowana lub Chandale w niektórych tekstach są uważane za związane z homo sapien Żydów semickich. Afrykańscy bogowie, którzy byli czarnego koloru, jak Sziwa, Matka Kali i Kryszna, zostali przejęci przez indoeuropejską elitę aryjsko-dravidiańską. Indyjski system kastowy jest jednym z najbardziej opresyjnych w historii świata. Po nim nastąpiła migracja homo sapien semickich muzułmanów do Indii, którzy założyli muzułmańskie imperia w Indiach. Rządy homo sapienskich muzułmanów w Indiach praktycznie wytępiły pięćdziesiąt procent hinduskiej aryjsko-dravidyjskiej indo-europejskiej populacji neandertalczyków. Nastąpiło kulturowe ludobójstwo Hindusów, a ich świątynie zostały zniszczone. Hinduski Indo-Europejski Aryo-Dravidian Neandertalczyk populacja być uważany subservient homo sapien muzułmanin. Nastąpiła również powszechna konwersja siłami hinduistów na muzułmanów. Okres inwazji homo sapien semickich muzułmanów na Indie jest jednym z najciemniejszych okresów w historii

Indii. Po nim nastąpiła inwazja i kolonizacja przez neandertalczyków z Indii, Anglików, Francuzów i Holendrów. Indyjscy Indo-Europejscy Aryo-Drawidyjczycy Neandertalczycy współpracowali z Indo-Europejskimi Aryo-Drawidyjczykami i zdobywcami z Europy jako forma emancypacji od homo sapienskich semickich rządów muzułmańskich. Gandhijski anarchiczny model organizacji politycznej na rzecz wolności w Indiach współpracował z indoeuropejskimi aryjsko-dradyjskimi elitami podbijającymi Europę. Pomiędzy indoeuropejskimi aryjsko-dradyjskimi neandertalczykami z Europy i Indii było wiele do zrobienia. Język sanskrycki i Wedowie rozprzestrzeniły się na Europę. W ten sposób narodził się neopaganizm i związany z nim ruch nazistowski i faszystowski w Europie. Rozprzestrzenianie się chrześcijaństwa w tym okresie było formą semickiego homo sapien stłumienia indo-europejskiej neandertalskiej aryo-dravidowskiej kultury pogańskiej Indii. To samo odnosi się do ruchów komunistycznych takich jak Naxalbari, które są również homo sapien i semickie. Ruchy komunistyczne starały się zniszczyć indyjsko-europejską aryjsko-dradycką kulturę pogańską w Indiach. W ten sposób historia Indii może być analizowana jako odwieczny konflikt między indo-europejskimi aryo-dravidyjskimi grupami neandertalczyków a homo sapien semickimi muzułmańskimi i afrykańskimi migrantami. Walka ta trwa nadal i powoduje niestabilność w społeczeństwie indyjskim.

Indoeuropejscy aryjsko-dravidiańscy neandertalczycy prowadzili ludobójczy system niewolnictwa wśród homo sapienskich Afrykańczyków. Ruch nazistowski w Niemczech i faszyzm we Włoszech to przykłady neandertalskiego, indoeuropejskiego aryjsko-dravidyjskiego zwycięstwa nad semickim homo sapiens. Powrót do pogaństwa w Eurazji i Indiach wskazuje na odrodzenie się indoeuropejskiej dominacji aryjsko-dradyjskiej. Indyjskie społeczeństwo indiańsko-europejskie aryjsko-dravidiańskie tłumiło kastę i plemiona migrantów afrykańskich w ramach schematu wykluczenia podobnego do apartheidu. W obecnej chwili, w związku z szeroko rozpowszechnionym narażeniem na EMF i zmianami klimatycznymi oraz wynikającą z nich neandertalizacją homo sapiens, rozwinął się nowy gatunek zwany homo neoneanderthalis. Opór homo sapien przejawia się w semickim islamskim fundamentalizmie religijnym homo sapien i ruchach dżihadu. Rozpoczął się wiek Kalki i Kali.

ROZDZIAŁ 2

WSPÓŁCZESNA CYWILIZACJA NEANDERTALSKA I KONFLIKT NEANDERTALSKI CRO-MAGNON - DOWODY Z BIOLOGII CZŁOWIEKA

Wprowadzenie

Ekstremalne zmiany klimatyczne powodują endosymbiotyczny wzrost archeologiczny. Archaiki są organizmami katabolizującymi cholesterol. Prowadzi to do neandertalizacji gatunku ludzkiego. Nastąpiło to podczas epoki lodowcowej i prawdopodobnie jest zjawiskiem ciągłym w okresach globalnego ocieplenia. Homo neandertalczyk jest matrilinealny, a pozostałe matrilinealne społeczności Drawidian, Semitów, Basków, Celtów i Berberów są neandertalczykami. Globalne ocieplenie powoduje endosymbiotyczny wzrost archeologiczny i neandertalizację. Powoduje to zmiany w mózgu, przy czym kora mózgowa staje się dysfunkcyjna, a móżdżek dominuje. Jest to spowodowane zwiększonym postrzeganiem niskiego poziomu EMF przez archeologiczny magnetyt. To powoduje zmiany w społeczeństwie ludzkim, zachowania i wzorce choroby. [1-17]

W społeczności Nair w Kerali występuje wysoka częstość występowania autyzmu i fenotypów antropometrycznych neandertalczyków. Społeczność Nair jest matrilineal i jest jedną z niewielu funkcjonalnych matriarchii na świecie i mówi językiem Dravidian z podobieństwem do społeczeństw celtyckich, scytyjskich, berberyjskich i baskijskich. Mózg autystyczny jest porównywalny do wielkiego mózgu neandertalskiego. Społeczeństwa autystyczne i matrilinealne, takie jak Nair, można uznać za skamieniałe pozostałości populacji neandertalskiej. Endosymbiotyczne archaiki aktynowców wykorzystujące cholesterol jako substrat energetyczny zostały opisane w chorobie systemowej z naszego laboratorium. Populację autystyczną i Nair badano pod kątem aktywności cytochromu F420 zależnego od aktynowców, sugerującej wzrost endosymbiotycznych archaikach. [1-17] Hipotezę tę zbadano oceniając wzrost endosymbiotyczny w populacjach pochodzących z populacji matrilinealnych.

Materiały i metody

Do badań wybrano trzy grupy, po 25 numerów w każdej z nich - populację autystyczną zdiagnozowaną według kryteriów DSM, normalną populację Nair i normalną populację spoza Nair. Badano charakterystykę matrilinową i antropometryczną neandertalczyków w populacji normalnej Nair i nienairskiej oraz w populacji autystycznej. Próbki krwi pobierano w stanie postu przed rozpoczęciem leczenia. Oceny przeprowadzone w pobranych próbkach krwi obejmowały aktywność cytochromu F420, cytochrom F420 oszacowano mącznikowo (długość fali wzbudzenia 420 nm i długość fali emisji 520 nm). Analiza statystyczna została wykonana przez ANOVA.

Wyniki

Wyniki badań przedstawiały się następująco. Nair oraz grupa osób z autyzmem i chorobami cywilizacyjnymi wykazywały zwiększoną aktywność cytochromu F420.

Tabela 1. Występowanie autyzmu w populacji Nair, autystycznej i nienairskiej

Grupy	Autyzm	Procent
Nair	68 przypadków	68
Inne niż Nair	32 przypadki	32
Razem	100	

Tabela 2. Cechy antropometryczne w populacji Nair, autystycznej i nienairskiej

Grupy	Neandertalska antropometryczna	Razem	Procent
Nair	72 przypadki	100	72
Inne niż Nair	21 przypadków	100	21
Autyzm	81 przypadków	100	81

Tabela 3. Metabolizm neandertalczyków

		Nair	Inne niż Nair	Autyzm	Wartość F	Wartość P
Cytochrom F 420	Mean	4.00	0.00	4.00	0.001	< 0.001
	± SD	0.00	0.00	0.00		

Dyskusja

Neandertalizacja jest zdarzeniem symbiotycznym ze względu na symbiozę archeologiczną. Neandertalczycy zwiększyli symbiotyczny wzrost aktynowców. Ma to miejsce w skrajnych warunkach klimatycznych, takich jak epoka lodowcowa i globalne ocieplenie.

Homo neandertalczyk wyewoluował z bonobo naczelnych w wyniku tej symbiozy. Istnieje zwiększona neandertalizacja homo sapiens podczas globalnego ocieplenia wynikająca ze zwiększonego aktynowego wzrostu archeologicznego. Homo neandertalczyk nigdy nie wyginął, lecz przetrwał jako matrilinealista w dolnym regionie Eurazji. Pierwotne cywilizacje matrilinealne neandertalczyków to: harappańska, sumeryjsko-akadyjska, asyryjska, etruska, minojska, celtycka, baskijska, semicka, żydowska, arabska, australijska cywilizacja rdzennych mieszkańców. Wszystkie cywilizacje są cywilizacją matrilinealną. Początkowa cywilizacja neandertalska przetrwała jako dolna kasta Sudry Indii, Drawidianie, australijscy Aborygenowie, Persowie, Arabowie semiccy, Żydzi semiccy, Berberowie, Baskowie, Grecy, Celtowie i rodowici Amerykanie. Ludzie zamieszkujący te cywilizacje to grupy religijne, intuicyjne, kobiece, dziecięce, senne, senne, świadome wspólnoty, prymitywne socjalistyczne, bardziej seksualne. Przyzwyczajenia ciała tych populacji są krótsze, nachylone czoło, recesywny podbródek i bardziej sprawiedliwe w kolorze. Jest to przeciwieństwem populacji Cro-Magnona w północnej części Eurazji i Afryki. Populacje te są naukowe, logicznie myślące, patriarchalne, bardziej dorosłe, bardziej czuwające, faszystowskie i mniej seksualne. Populacje neandertalczyków zamieszkują brzegi Oceanu Indyjskiego w Azji Południowej, Azji Zachodniej, jak również w regionie okołośródziemnomorskim. Neandertalczycy wywodzili się początkowo z mitycznego superkontynentu lemuryjskiego na Oceanie Indyjskim. Trzęsienia ziemi i tsunami na Oceanie Indyjskim doprowadziły do rozpadu superkontynentu i migracji neandertalczyków na Harappę, Sumerię, Egipt i Basków. Cywilizacja harappańska była w przeważającej mierze neandertalska. Są to Asurasowie opisani w Rig veda. Większość opisów w Rig veda odnosi się do Asuras, przy czym bogowie z Rig vedic są w przeważającej mierze asuryjni. Sanskryt był prawdopodobnie językiem Harappan. Devas opisani w Rig veda były Cro-Magnon Aryjski najeźdźca. Weda Rig veda opisuje trwający konflikt pomiędzy Asurami i Devami. W końcu neandertalskie Asurasy Harappańskie zostały stłumione i podbite. Cro-magnonic Aryjczycy, którzy podbili Harappę stali się górną kastą hinduskiej elity, a Harappańskie Asury stały się dolną kastą Sudrów. Cro-Magnon Aryjczycy przejęli asurycznych bogów, Wedy i język i uczynili go swoim własnym. Harappańska cywilizacja Asuras była niezwykle zaawansowana, a Cro-Magnonowie Aryjczycy byli prymitywnym plemieniem nomadów. Cro-Magnonowie pochodzili z Afryki i wyemigrowali do Eurazji. Ludność Cro-Magnonów stłumiła populację neandertalczyków i próbowała ich eksterminować. Między ludnością Cro-Magnona a neandertalczykami dochodziło również do krzyżowania się i mieszania się. Współczesne społeczeństwa neandertalczyków znajdują się na periodyjskim obszarze oceanicznym Indii, Iranu i Arabów semickich. Zasiedlają one również obszar okołośródziemnomorski jako semiccy Żydzi, Berberowie, Baskowie i Celtowie. Dominującą ludnością Afryki i północnej Europy jest Cro-Magnon.

Istnieje odwieczny konflikt pomiędzy Neandertalczykami i Cro-Magnonem. Cro-Magnonowie próbowali eksterminować Neandertalczyków, ale przeżyli jako Żydzi, Arabowie, Indianie z niższej kasty, Aborygenowie i rdzenni Amerykanie. To są ludzie, których Cro-Magnon wykluczył ze społeczeństwa. Podklasa cywilizacji indyjskiej i europejskiej była neandertalczykiem. Wraz z nadejściem globalnego ocieplenia i rosnącą archeologiczną symbiozą, neandertalczycy uaktywniają się i próbują eksterminować Cro-Magnon. Symbiotyczne archaiczne archaiki generują nowe wirusy, które zarażają nieimmunologiczny Cro-Magnon i próbują je wytępić. Punkty zapalne globalnego konfliktu i terroryzmu mogą być zlokalizowane na terenach neandertalskich. Neandertalczycy dominują w trzech religiach świata - Żydach, muzułmanach i hinduistach. Cro-Magnonowie to przede wszystkim Afrykańczycy i Europejczycy. Wyznają oni religię chrześcijańską. Światowe konflikty toczą się zasadniczo między rasami neandertalskimi a rasami Cro-Magnonów. Przykładem tego jest żydowskie kierownictwo rewolucji rosyjskiej i francuskiej z jej ideą wolności, równości i braterstwa. Idee neandertalskie w zasadzie starały się stworzyć równe społeczeństwo. Buddyjski ruch i religia wśród religijnej niższej kasty Indii może być uważana za neandertalskie powstanie przeciwko aryjskiej dominacji Cro-Magnona. Obecne pogłoski w muzułmańskim świecie semickim, manifestujące się jako globalny terroryzm, są odzwierciedleniem neandertalskiego konfliktu Cro-Magnon. Konflikt ten jest w zasadzie pomiędzy ideami kolonizacji Cro-Magnona, kapitalizmu, globalizacji wolnego rynku, prawicowych, faszystowskich, nazistowskich idei, a neandertalskimi ideami równości, demokracji, wolności i socjalizmu. Cywilizacja Cro-Magnona produkuje coraz więcej gazów cieplarnianych, co prowadzi do zwiększenia endosymbiotycznego wzrostu archeologicznego. Endosymbiotyczny wzrost archeologiczny jest podstawą neandertalizacji. Neandertalizacja jest wydarzeniem symbiotycznym, a nie zmianą genetyczną. Powoduje ona ekspansję istniejących społeczeństw neandertalczyków - Semitów, Dravidów i południowych Europejczyków oraz wyginięcie fenotypu Cro-Magnon Aryan. Obecne obszary neandertalskie obejmują południową Europę, Indie, Iran, Półwysep Arabski, żydowską ojczyznę i australijskich aborygenów. Obszary Cro-Magnon obejmują Europę i Afrykę.

Neandertalczycy dominowali w móżdżku. Móżdżek zajmuje się intuicją i pozazmysłowymi zjawiskami percepcyjnymi. Neandertalczycy byli odporni na retroviral.

Archaika metabolizuje cholesterol i generuje digoksynę, która wytwarza błonową inhibicję ATPazy potasowo-sodowej i wewnątrzkomórkowy niedobór magnezu. Niedobór magnezu powoduje hamowanie odwrotnej transkryptazy. Digoksyna sama moduluje edycję RNA. Oporność retrowirusowa prowadzi do niedoboru endogennych sekwencji retrowirusowych. Endogenne sekwencje retrowirusowe funkcjonują jako skokowe geny wymagane do dynamiki połączeń synaptycznych. Dynamiczna łączność synaptyczna jest wymagana dla funkcji korowej. Kora mózgowa jest dysfunkcyjna u neandertalczyków, co prowadzi do dominacji w móżdżku. Neandertalczycy zamieszkują świat móżdżku. Populacja neandertalczyków jest psychodeliczna, duchowa, senna, bardziej kobieca, intuicyjna, równa i dominująca. Oni mieli wspólne życie. Byli hiperseksualni i rozwiązli. Można je porównać do małp bonobo. Były matriarchalne i dominujące samice. Są dziecinne, mają sen senny, senny, altruistyczny i potulny. Populacja neandertalczyków wierzyła w życie wspólnotowe i miała hiperseksualne zachowania. Nieprzytomny umysł dominował u neandertalczyków. Mieli prekoncepcję i postpoznanie. Mieli telepatię i jasnowidzenie. Mogli mieć mediumistyczne posiadanie i mogli przejść w regresję hipnotyczną. Mieli zjawiska poltergeistyczne, osobowość grupową, osobowość wieloraką, zjawiska rozszczepienia osobowości, uprowadzenia obcych, pamięć o przeszłym życiu, inkub i sukub. Mieli magiczną cywilizację snów. Były subiektywne, osobiste, emocjonalne, irracjonalne i senne. Woleli ciemności i noce. Mieli więcej autyzmu i schizofrenii. Mieli więcej nadpobudliwości i uzależnienia od uwagi. Byli magiczni, mieli dominującą sztukę, a religia była seksualna i wierzyli w rzeczy bez dowodów. Wiara była intuicyjna. Mieli szamańską i magiczną świadomość. Neandertalczycy byli leworęczni, dominowała prawa półkula/cerebella. Były to istoty zmysłowe i tworzyły duchową senną cywilizację. Byli dziećmi ciemności. Samotny stary mózg wampirów, troglodytów, demonów i okultystów należy do Neandertalczyków. Dominacja i hipertrofia móżdżku prowadzi do dysfunkcji móżdżku i ataksji mowy, a także ruchów ruchowych. Ataksja mowy prowadzi do ewolucji muzyki. Ataksja ruchów ruchowych prowadzi do sztuki abstrakcyjnej. Tak więc mózg neandertalczyka z jego pozazmysłową percepcją jest niezwykle artystyczny. Digoksyna i dipolarny magnetyt w ustawieniu błony sodowo-potasowej inhibicji ATPazy produkuje pompowany system fononowy modulujący percepcję kwantową. Ilościowe zjawiska percepcji są dominujące w neandertalach. Prowadzi to do zwiększonej percepcji pozazmysłowej. Wywołuje to również uczucie jedności i równości zwane zbiorową nieświadomością. Prowadzi to do socjalistycznego równego społeczeństwa neandertalskiego. Neandertalczycy byli również bardziej duchowi i nieświadomi. Dysfunkcja korowa prowadzi do utraty różnicowania półkulistego i różnicowania płciowego. Prawa półkula jest w przeważającej mierze męska, a lewa żeńska. Prowadzi to do zachowań aseksualnych, a dominacja móżdżku prowadzi do hiperseksalności. Populacja Cro-Magnona wierzyła w łączenie par i wzorce rodzinne. Były one bardziej gwałtowne i agresywne. Byli patriarchalnymi i dominującymi mężczyznami. Byli dorośli i logiczni. Mieli tendencje prawicowe i faszystowskie. Byli konserwatywni w swoich praktykach seksualnych. Byli świadomi, egoistyczni, budzący się, męscy dominujący, faworyzowali światło, obiektywni, bezosobowi i okrutni. Świadomy, logiczny mózg dominował. Polegały one na dowodach, logika była oderwana, aseksualny i dominujący mężczyzna. Cro-Magnonowie dominowali głównie na lewą półkulę i praworęczni ludzie praktyczni. Stworzyli materialną cywilizację. Mieli racjonalną świadomość. Byli dziećmi światła.

Globalne ocieplenie powoduje endosymbiotyczny wzrost archeologiczny i neandertalizację homo sapiens. Wszystko to wytwarza dualistyczną świadomość. Lewe skrzydło kontra prawe i konserwatywne kontra liberalne. Produkuje podwójne "ja" i podzielone "ja". Skutkuje to osobowością Caine'a i Abla, a także Jekyll'a i Hyde'a. Neandertalczycy mieli pochylone czoło, małą szczękę, bułkę potyliczną i dużą czaszkę. Ich wzrost był krótszy, a masa ciała większa. Mózg Neandertalczyków był większy. Drugi palec stopy był większy od dużego palca. Miały fałdę simiańską. Homo sapiens mieli mniejszy mózg i mniejszą czaszkę. Byli wyżsi. [1-17]

Referencje

1. Weaver TD, Hublin JJ. Neandertal Birth Canal Shape and the Evolution of Human Childbirth. *Proc. Natl. Acad. Sci. USA* 2009; 106:8151-8156.
2. Kurup RA, Kurup PA. Endosymbiotic Actinidic Archaeal Mediated Warburg Phenotype Mediates Human Disease State. *Advances in Natural Science* 2012; 5(1):81-84.
3. Morgan E. The Neanderthal theory of autism, Asperger and ADHD; 2007, www.rdos.net/eng/asperger.htm.
4. Graves P. New Models and Metaphors for the Neanderthal Debate. *Current Anthropology* 1991; 32(5): 513-541.
5. Sawyer GJ, Maley B. Neanderthal zrekonstruowany. *The Anatomical Record Part B: The New Anatomist* 2005; 283B(1):23-31.
6. Bastir M, O'Higgins P, Rosas A. Facial Ontogeny in Neanderthals and Modern Humans. *Proc. Biol. Sci.* 2007; 274:1125-1132.
7. Neubauer S, Gunz P, Hublin JJ. Endocranial Shape Changes during Growth in Chimpanzees and Humans: Analiza morfometryczna Unique and Shared Aspects. *J. Hum. Evol.* 2010; 59:555-566.

8. Courchesne E, Pierce K. Brain Overgrowth in Autism during a Critical Time in Development: Implikacje dla rozwoju Neuronu Piramidalnego i Interneuronu i łączności. *Int. J. Dev. Neurosci.* 2005; 23:153–170.

9. Green RE, Krause J, Briggs AW, Maricic T, Stenzel U, Kircher M, Patterson N, Li H, Zhai W, *et al.* A Draft Sequence of the Neandertal Genome. *Science* 2010; 328:710-722.

10. Mithen SJ. *The Singing Neanderthals: The Origins of Music, Language, Mind and Body*; 2005, ISBN 0-297-64317-7.

11. Bruner E, Manzi G, Arsuaga JL. Encephalization and Allometric Trajectories in the Genus Homo: Dowody z linii neandertalskiej i nowoczesnej. *Proc. Natl. Acad. Sci. USA* 2003; 100:15335-15340.

12. Gooch S. *The Dream Culture of the Neanderthals: Strażnicy Starożytnej Mądrości.* Inner Traditions, Wildwood House, Londyn; 2006.

13. Gooch S. *The Neanderthal Legacy: Obudzenie naszych genetycznych i kulturowych korzeni.* Inner Traditions, Wildwood House, Londyn; 2008.

14. Kurtén B. *Den Svarta Tigern*, ALBA Publishing, Stockholm, Sweden; 1978.

15. Spikins P. Autyzm, Integracja "Różnicy" i Pochodzenie Nowoczesnego Zachowania Człowieka. *Cambridge Archaeological Journal* 2009; 19(2):179-201.

16. Eswaran V, Harpending H, Rogers AR. Genomika odrzuca wyłącznie afrykańskie pochodzenie człowieka. *Journal of Human Evolution* 2005; 49(1):1-18.

17. Ramachandran V.S. The Reith wykłada, BBC Londyn. 2012.

ROZDZIAŁ 3

ZAINDUKOWANY PRZEZ ARCHEALISTÓW NEANDERTALCZYKIEM INDO-EUROPEJSKI ARYO-DRAVIDIAN DUCHOWY, SURREALISTYCZNY ZŁY MÓZG

Wprowadzenie

Globalne ocieplenie powoduje wzrost zakwaszenia i wzrost stężenia dwutlenku węgla w atmosferze, co prowadzi do ekstremalnej symbiozy archeologicznej u ludzi. Symbioza archeologiczna prowadzi do neandertalizacji człowieka. Archaeae spowodowały rozprzężenie białek wytwarzających prymitywny fenotyp Warburga i metabolizm komórek macierzystych. Archaiczne metabolity digoksyny cholesterolowej, kwasów żółciowych i krótkołańcuchowych kwasów tłuszczowych powodują rozprzężenie białek. Lizosomalne enzymy, będące znacznikiem konwersji komórek macierzystych, ulegają znacznemu zwiększeniu wraz z genezą archeologicznego fenotypu w zespole metabolicznym x, zwyrodnieniach, chorobach autoimmunologicznych, nowotworach, schizofrenii i autyzmie. We wszystkich tych chorobach systemowych dochodzi do transformacji komórek somatycznych w komórki macierzyste i utraty funkcji. Neurony stają się niedojrzałe i tracą swoje dendrytyczne kręgosłupy oraz łączność. Powoduje to utratę funkcji neuronów i powrót do archaicznego magnetytu pośredniczącego w pozazmysłowym postrzeganiu niskiego poziomu EMF. Ekspozycja na niski poziom EMF powoduje zmiany w mózgu. Prowadzi to do zaniku kory przedczołowej. Prymitywne obszary mózgu móżdżku i pnia mózgu stają się przerostowe. Rozwijają się komórki somatyczne i neuronalne, dochodzi do neandertalizacji mózgu i ciała. [1-17]

Idea dobra opiera się na rozsądku i logice. Rozsądek i logika są funkcją kory mózgowej, zwłaszcza płata przedczołowego. Funkcja płata przedczołowego wymaga dynamicznej łączności synaptycznej, która jest wytwarzana przez skokowe geny pośredniczące w ludzkich endogenicznych sekwencjach retrowirusowych. Dobro jest skorelowane z niebem. Idea zła opiera się na nieświadomości i impulsywnym zachowaniu związanym z obszarami podkorowymi, zwłaszcza móżdżku. Móżdżek jest miejscem impulsywnego zachowania i nieświadomego zachowania. Móżdżek i podkorowe połączenia mózgu są głównie sieci kolonii archeologicznych. Idea zła jest związana z piekłem. Idea świadomego osądu aktów i nieświadomych aktów impulsywnych, niebo i piekło, dobro i zło są zestawieniami. Globalne ocieplenie i ekspozycja na niski poziom EMF prowadzi do aktynowego wzrostu archeologicznego w mózgu i zwiększonego archetypu magnetytowego pośredniczącego w postrzeganiu niskiego poziomu EMF. Prowadzi to do zaniku kory przedczołowej i dominacji móżdżku. Świadomy staje się minimalny i nieświadomy mózg przejmuje władzę. Badanie oceniało wzrost archeologiczny oceniane przez aktywność cytochromu F420 i metabolizm typu komórek macierzystych w chorobach systemowych, zaburzeniach neuropsychiatrycznych i normalnych osób o różnym profilu psychologicznym - więźniów, osób kreatywnych i zdrowy rozsądek modulowane biznesmenów. [1-17] Wyniki przedstawiono w niniejszej pracy.

Materiały i metody

Próbki krwi pobrano z czterech grup psychologicznie różnych populacji o różnych skłonnościach duchowych, więźniów kryminalnych, artystów kreatywnych i biznesmenów. W każdej grupie było 15 członków. Próbki krwi pobrano także z 15 przypadków zespołu metabolicznego, zwyrodnień - choroby Alzheimera, choroby autoimmunologicznej - tru, raka - glejaka mózgu, schizofrenii i autyzmu. Oceny przeprowadzone w pobranych próbkach krwi obejmują aktywność cytochromu F420. Oszacowano poziom mleczanu krwi, pirogronianu, heksokinazy, cytochromu C, cytochromu F420, digoksyny, kwasów żółciowych, maślanu i propionianu.

Wyniki

Wyniki wykazały, że duchowe, artystyczne jednostki twórcze i więźniowie kryminalni zwiększyli aktywność cytochromu F420 i poziom digoksyny RBC. Wyniki wykazały, że biznesmeni zmniejszyli aktywność cytochromu F420 i poziom digoksyny RBC. Próbki krwi z choroby Alzheimera, choroby autoimmunologicznej - SLE, glejaka nowotworowego mózgu, schizofrenii i autyzmu miały zwiększoną aktywność mleczanu i pirogronianu krwi, zwiększoną heksokinazę RBC, zwiększoną aktywność cytochromu C i cytochromu F420, zwiększoną aktywność digoksyny, kwasów żółciowych, maślanu i propionianu. Stan choroby powodował zwiększenie aktywności cytochromu F420. Stężenie cytochromu C we krwi uległo podwyższeniu. Sugerowało to dysfunkcję mitochondriów. Nasiliła się glikoliza, co sugerowało zwiększoną aktywność heksokinazy RBC i kwasicę mlekową. Ze względu na dysfunkcję mitochondriów i hamowanie dehydrogenazy pirogronianowej dochodziło do akumulacji pirogronianów. W cyklu Cori pirogronian został przekształcony w mleczan, a także w glutaminian i amoniak. Ten metabolizm wskazuje na fenotyp Warburga i konwersję komórek macierzystych. Komórki macierzyste uzależnione są od beztlenowej glikolizy Warburga dla celów energetycznych i mają dysfunkcję mitochondrialną. Aktywność lizosomalnego enzymu beta galaktozydazy została zwiększona w grupie chorobowej oraz w twórczych artystach i przestępcach sugerujących konwersję komórek macierzystych. Sugeruje to, że artystycznych twórczych, więźniów karnych, jak również osób duchowych mają tendencję do metabolizmu komórek macierzystych i konwersji komórek macierzystych.

Tabela 1

Grupa	Cytochrom F 420		Serum Cyto C (ng/ml)		Laktat (mg/dl)		Pirwat (umol/l)		Heksokinaza RBC (ug glu phos/ hr/mgpro)	
	Mean	+ SD	Mean	+ SD	Mean	+ SD	Mean	+ SD	Mean	+ SD
Normalna populacja	1.00	0.00	2.79	0.28	7.38	0.31	40.51	1.42	1.66	0.45
Duchowy	4.00	0.00	12.39	1.23	25.99	8.10	100.51	12.32	5.46	2.83
Akwizytywny kapitalista	0.00	0.00	1.21	0.38	2.75	0.41	23.79	2.51	0.68	0.23
Artystyczny	4.00	0.00	12.84	0.74	23.64	1.43	96.19	12.15	10.12	1.75
Przestępczość	4.00	0.00	12.72	0.92	25.35	5.52	103.32	13.04	9.44	3.40
Schizo	4.00	0.00	11.58	0.90	22.07	1.06	96.54	9.96	7.69	3.40
Zajęcie	4.00	0.00	12.06	1.09	21.78	0.58	90.46	8.30	6.29	1.73
HD	4.00	0.00	12.65	1.06	24.28	1.69	95.44	12.04	9.30	3.98
AD	4.00	0.00	11.94	0.86	22.04	0.64	97.26	8.26	8.46	3.63
MS	4.00	0.00	11.81	0.67	23.32	1.10	102.48	13.20	8.56	4.75
SLE	4.00	0.00	11.73	0.56	23.06	1.49	100.51	9.79	8.02	3.01
NHL	4.00	0.00	11.91	0.49	22.83	1.24	95.81	12.18	7.41	4.22
Glio	4.00	0.00	13.00	0.42	22.20	0.85	96.58	8.75	7.82	3.51
DM	4.00	0.00	12.95	0.56	25.56	7.93	96.30	10.33	7.05	1.86
CAD	4.00	0.00	11.51	0.47	22.83	0.82	97.29	12.45	8.88	3.09
CVA	4.00	0.00	12.74	0.80	23.03	1.26	103.25	9.49	7.87	2.72
AIDS	4.00	0.00	12.29	0.89	24.87	4.14	95.55	7.20	9.84	2.43
CJD	4.00	0.00	12.19	1.22	23.02	1.61	96.50	5.93	8.81	4.26
Autyzm	4.00	0.00	12.48	0.79	21.95	0.65	92.71	8.43	6.95	2.02
DS	4.00	0.00	12.79	1.15	23.69	2.19	91.81	4.12	8.68	2.60
Mózgowe porażenie dziecięce	4.00	0.00	12.14	1.30	23.12	1.81	95.33	11.78	7.92	3.32
CRF	4.00	0.00	12.66	1.01	23.42	1.20	97.38	10.76	7.75	3.08
Cirr/Hep Fail	4.00	0.00	12.81	0.90	26.20	5.29	97.77	13.24	8.99	3.27
Niski poziom promieniowania tła	4.00	0.00	12.26	1.00	23.31	1.46	103.28	11.47	7.58	3.09
Wartość F	0.001		445.772		162.945		154.701		18.187	
Wartość P	< 0.001		< 0.001		< 0.001		< 0.001		< 0.001	

Tabela 2

Grupa	ACOA (mg/dl)		Glutaminian (mg/dl)		Se. Amoniak (ug/dl)		RBC Digoksyna (ng/ml RBC Susp)		Aktywność beta-galaktozydazy w surowicy (IU/ml)	
	Mean	**± SD**	**Mean**	**± SD**	**Mean**	**± SD**	**Mean**	**± SD**	**Mean**	**± SD**
Normalna populacja	8.75	0.38	0.65	0.03	50.60	1.42	0.58	0.07	17.75	0.72
Duchowy	2.51	0.36	3.19	0.32	93.43	4.85	1.41	0.23	55.17	5.85
Akwizytywny kapitalista	16.49	0.89	0.16	0.02	23.92	3.38	0.18	0.05	8.70	0.90
Artystyczny	2.51	0.42	3.11	0.36	92.40	4.34	1.40	0.32	46.37	4.87
Przestępczość	2.19	0.19	3.27	0.39	95.37	5.76	1.51	0.29	47.47	4.34
Schizo	2.51	0.57	3.41	0.41	94.72	3.28	1.38	0.26	51.17	3.65
Zajęcie	2.15	0.22	3.67	0.38	95.61	7.88	1.23	0.26	50.04	3.91
HD	1.95	0.06	3.14	0.32	94.60	8.52	1.34	0.31	51.16	7.78
AD	2.19	0.15	3.53	0.39	95.37	4.66	1.10	0.08	51.56	3.69
MS	2.03	0.09	3.58	0.36	93.42	3.69	1.21	0.21	47.90	6.99
SLE	2.54	0.38	3.37	0.38	101.18	17.06	1.50	0.33	48.20	5.53
NHL	2.30	0.26	3.48	0.46	91.62	3.24	1.26	0.23	51.08	5.24
Glio	2.34	0.43	3.28	0.39	93.20	4.46	1.27	0.24	51.57	2.66
DM	2.17	0.40	3.53	0.44	93.38	7.76	1.35	0.26	51.98	5.05
CAD	2.37	0.44	3.61	0.28	93.93	4.86	1.22	0.16	50.00	5.91
CVA	2.25	0.44	3.31	0.43	103.18	27.27	1.33	0.27	51.06	4.83
AIDS	2.11	0.19	3.45	0.49	92.47	3.97	1.31	0.24	50.15	6.96
CJD	2.10	0.27	3.94	0.22	93.13	5.79	1.48	0.27	49.85	6.40
Autyzm	2.42	0.41	3.30	0.32	94.01	5.00	1.19	0.24	52.87	7.04
DS	2.01	0.08	3.30	0.48	98.81	15.65	1.34	0.25	47.28	3.55
Mózgowe porażenie dziecięce	2.06	0.35	3.24	0.34	92.09	3.21	1.44	0.19	53.49	4.15
CRF	2.24	0.32	3.26	0.43	98.76	11.12	1.26	0.26	49.39	5.51
Cirr/Hep Fail	2.13	0.17	3.25	0.40	94.77	2.86	1.50	0.20	46.82	4.73
Niski poziom promieniowania tła	2.14	0.19	3.47	0.37	102.62	26.54	1.41	0.30	51.01	4.77
Wartość F	1871.04		200.702		61.645		60.288		194.418	
Wartość P	< 0.001		< 0.001		< 0.001		< 0.001		< 0.001	

Dyskusja

W chorobach ogólnoustrojowych i zaburzeniach neuropsychiatrycznych dominuje beztlenowy metabolizm glikolityczny, a fosforylacja oksydacyjna mitochondriów jest tłumiona. Metabolizm jest podobny do metabolizmu komórki macierzystej. Poziom pirogronianów i mleczanów zwiększa się wraz ze spadkiem koenzymu acetylowego A i ATP. Droga glikolityczna i heksokinaza ulegają zwiększeniu. Wskazuje to na fenotyp Warburga zależny od glikolizy beztlenowej dla energetyki. Lizosomalne enzymy beta galaktozydazy i markera komórek macierzystych są zwiększone. Cytochrom F420 jest również zwiększony, jak również archeologiczny katabolit digoksyna, która tłumi ATPazę potasową sodu. Bakterie i archaiki mają indukować transformację komórek macierzystych. Indukcja białek rozpraszających prowadzi do transformacji komórek macierzystych. Białka rozprzęgające się hamują fosforylację oksydacyjną, a substraty są kierowane do glikolizy beztlenowej. Digoksyna, hamując ATPazę potasowo-sodową, może zwiększać poziom wapnia wewnątrzkomórkowego, indukować przemijającą funkcję mitochondriów w porach i powodować fosforylację oksydacyjną. Łańcuch boczny cholesterolu jest katabolizowany przez archaiki do kwasu masłowego i propionowego, które powodują oddzielenie fosforylacji oksydacyjnej. Archaiczny łańcuch boczny hydroksylazy przekształca cholesterol w kwasy żółciowe, które odblokowują fosforylację oksydacyjną. Archealna symbioza w komórce powoduje katabolizm cholesterolu, a katabolity digoksyna, kwasy żółciowe i krótkołańcuchowe kwasy tłuszczowe powodują fosforylację oksydacyjną, hamują funkcję mitochondriów i sprzyjają glikolizie beztlenowej. Konwersja komórek somatycznych na komórki macierzyste pomaga w utrzymaniu się wewnątrz komórki i symbiozie. Infekcja Mycobacterium leprae może przekształcić komórki Schwanna w komórki macierzyste. Infekcja archeologiczna powoduje konwersję komórek somatycznych na komórki macierzyste w celu zachowania ich archaealnej trwałości. Konwersja do komórek macierzystych powoduje proliferację i utratę funkcji, co prowadzi do chorób systemowych i zaburzeń neuropsychiatrycznych. Konwersja neuronów do komórek macierzystych i utrata funkcji prowadzi do rozwoju nowego fenotypu psychologicznego. [1-17]

Komórka systemowa i neuronowa w zespole metabolicznym x, raku, chorobie autoimmunologicznej, zwyrodnieniach, schizofrenii i autyzmie zachowuje się jak komórka macierzysta. W tych zaburzeniach możliwe jest hipotezowanie konwersji komórek somatycznych do komórek macierzystych. Zróżnicowane komórki w wyniku indukcji archeologicznej ulegają konwersji do komórki macierzystej. Komórka macierzysta jest komórką niedojrzałą, z utratą funkcji. Neurony tracą swoje dendrytyczne kręgosłupy i tracą łączność. Funkcja mózgu staje się prymitywna. Neurony są adendrityczne i odłączone. Skutkuje to złożonymi strukturami mózgu, takimi jak współczesna kora mózgowa i zanik kory przedczołowej. W prymitywnych częściach mózgu dochodzi do przerostu pnia mózgu i przerostu móżdżku. Powoduje to neandertalizację mózgu z widoczną bułką potyliczną i zanikającą korą przedczołową. Zanik kory przedczołowej prowadzi do utraty logiki, osądu, rozumowania i funkcji wykonawczych. Hipertrofia móżdżku i pnia mózgu powoduje dominację zachowań impulsywnych. Różnica między rzeczywistością a snem zostaje utracona.

Mózg jest rządzony przez zmysły i impulsy. Mózg staje się dysfunkcyjny z większą ilością gwałtownych, agresywnych i kanibalistycznych zachowań. Sztuka staje się bardziej abstrakcyjna i powiązana z nieświadomością. Świat nieświadomego mózgu z jego archetypami przejmuje władzę. Następuje utrata świata rozumowania, logiki i osądu. Jest to świat impulsywności, w którym dominują prymitywne tendencje w stosunku do nieświadomości. Wytwarza to więcej rytualnych zachowań, gwałtownych i agresywnych tendencji, terroryzmu, wojny, seksualnych obsceniczności i alternatywnej seksualności. Jest to świat zmysłów. Jest również intensywnie zły, jak i duchowy. Zahamowanie świadomości z powodu utraty funkcji korowych i dominacji nieświadomości prowadzi do mistycznego doświadczenia. Istnieje przepełnienie duchowości. Dominuje również paradoksalna strona tego zachowania. Przemoc, agresja, obsesyjna seksualność, realizm magiczny w literaturze, malarstwo abstrakcyjne, muzyka rockowa i taniec oraz poezja współczesna, a także literatura wytwarzają transcendencję innego rodzaju. Skutkuje to surrealizmem i syntezą. Utrata funkcji neuronów prowadzi do schizofrenii, autyzmu i zwyrodnień. Zwiększona proliferacja komórek macierzystych indukowana przez archeologów prowadzi do powstania dużego mózgu i pnia jak u neandertalczyków. Ta symbioza archeologiczna prowadzi do neandertalizacji i zespołu komórek macierzystych. To powoduje odwrotne starzenie się, które można nazwać epidemicznym zespołem Benjamina Buttona. Limfocytarne komórki macierzyste mają niekontrolowaną proliferację i prowadzą do chorób autoimmunologicznych. Proliferacja komórek macierzystych prowadzi do onkogenezy. Metabolizm komórek macierzystych z hamowaniem funkcji mitochondriów i glikolizy beztlenowej prowadzi do powstania zespołu metabolicznego x. W schizofrenii i autyzmie zwiększa się ilość markerów komórek macierzystych, a w neuronach brak jest dendrytycznych kręgosłupów. Markery komórek macierzystych są również zwiększone w chorobie autoimmunologicznej. Metabolizm cukrzycowy jest podobny do metabolizmu komórek macierzystych. Komórka nowotworowa zachowuje się jak komórka macierzysta. [1-17]

W metafizyce zła dominuje nieświadomość, a zachowanie jest impulsywne podyktowane prymitywnymi myślami. Nieświadoma modulowana przez móżdżek jest odpowiedzialna za automatyczne akty produkujące to, co nazywa się automatyzmem psychicznym. Nieświadomość pokrywa się z tym, co Jung opisał jako archetypy zbiorowej nieświadomości. Metafizyka zła prowadzi do syntetycznego mózgu z dominacją siły woli. Prymitywne archetypy tworzą koncepcje malarstwa abstrakcyjnego, muzyki psychodelicznej i tańca oraz literatury postmodernistycznej lub realizmu magicznego. Wszystko to są sposoby łączenia się z nieświadomością. Nieświadomość wytwarza prymitywne, egoistyczne tendencje prowadzące do indywidualizmu i kapitalizmu. Nieświadomość pomaga wykroczyć poza tabu i tworzy surrealistyczny świat. Nieświadomość zbiorowa produkuje również poczucie duchowości i jedności. Jest impulsywnym mózgiem z fiksacjami i prymitywnymi obsesjami. Istnieje móżdżkowy automatyzm psychiczny. Prowadzi to do zachowań rytualnych. Dominacja nieświadomości zbiorowej skutkuje zachowaniami rytualnymi charakterystycznymi dla kultu religijnego. Nieświadomość zbiorowa prowadzi również do tworzenia sztuki i literatury obscenicznej oraz przemocy, która jest formą transcendencji. Koprolowe rytualne obrzędy religijne zostały opisane w niektórych częściach świata. Terroryzm i akty przemocy są również rodzajem transcendencji. Te same zjawiska występują w ofiarach rytualnych w religii, w przemocy wojennej i nabytkach kapitalizmu. Prymitywna nieświadomość prowadzi do woli dojścia do władzy. To powoduje chciwy kapitalizm, dyktaturę i faszyzm. Wola do władzy prowadzi do uwielbienia potężnych. Jest to świat indywidualistyczny, anarchistyczny, egoistyczny. Świat móżdżku jest prymitywnym światem archetypów w zbiorowej nieświadomości. Obrazy abstrakcyjne mają powiązania z nieświadomością zbiorową. Muzyka rockowa czy współczesna zawiera rytmiczne, prymitywne, chaotyczne dźwięki wydobywające się z kolektywnej nieświadomości. Prymitywna zbiorowa nieświadomość łączy postnowoczesną literaturę lub realizm magiczny z przemocą, miłością, nienawiścią, złem, obscenicznością i śmiercią. W ten sposób literatura, muzyka, taniec i malarstwo pomagają przezwyciężyć rzeczywistość i racjonalność, tworząc transcendencję. Nieświadomy mózg składa się z sieci kolonii archeologicznych, jest adynamiczny i nieelastyczny. Istnieje epidemia autyzmu i schizofrenii. Utrata funkcji neuronów prowadzi do zwiększonego postrzegania pozazmysłowego przez archeologiczny magnetyt. Może to prowadzić do braku rozwoju mowy i rytualnych zachowań autystycznych. Prowadzi to również do zaburzeń myślenia, halucynacji i urojenia schizofrenii. Wygląda to na epidemiczne zaburzenie poznawcze móżdżku, afektywne. [1-17]

Dobro jest związane ze świadomym mózgiem zlokalizowanym w obszarach korowych. Obszary korowe pośredniczą w moralistycznych, funkcjonalnie ateistycznych zachowaniach społeczeństwa obywatelskiego. Społeczeństwo obywatelskie zależy od dobra wspólnego. Świat korowy jest światem moralności, racjonalności, altruizmu, grzeczności i przyzwoitości. Potrzebuje on hamującej siły kory mózgowej. Takie społeczeństwo jest niekapitalistyczne i działa na rzecz dobra wspólnego. Ma tendencję do bycia nie kreatywnym. Prymitywna duchowość i jedność zbiorowa zostaje utracona. Zastąpiona jest dobrocią opartą na osądzie, rozumowaniu i moralności. Jest to moralizatorski świat, w którym zakazane są tabu. Wymaga to synaptycznej plastyczności i jest modulowane za pomocą genów skokowych z pośredniczeniem HERV. Wymaga to dynamicznego mózgu, a ludzka kora mózgowa ewoluowała dzięki skokowym genom generowanym z ludzkich endogenicznych sekwencji retrowiralnych. Świat mózgowy jest stosunkowo impulsywny, przestępczy, gwałtowny, terrorystyczny z miłością do wojny, samolubny, nabytkowy, duchowy, autystyczny, obsesyjny, schizofreniczny, obsceniczny, zły, rytualizowany, artystyczny, nielogiczny i okrutny. Pośredniczy w tym sieć kolonii archeologicznych. Transformacja komórek macierzystych komórek somatycznych powoduje oporność HERV i retroviral resistance. Archaeal digoksyna hamuje odwrotną transkryptazę poprzez wytwarzanie niedoboru magnezu, jak również moduluje edycję wirusową RNA hamując replikację wsteczną. Prowadzi to do braku skokowych genów HERV w tym mózgu komórek macierzystych oraz braku plastyczności i dynamiki synaptycznej. Zespół komórek macierzystych charakteryzuje się opornością retrowirusową. Symbioza archeologiczna hamuje infekcję retrowirusową. Homo sapiens z mniejszą symbiozą archeologiczną staje się podatny na zakażenie retrowirusowe i inne infekcje wirusowe RNA i zostaje wyparty. Homo neoneanderthalis jest oporny na zakażenie retrowirusowe i inne RNA wirusowe i utrzymuje się. Homo neoneanderthalis dominuje na całym świecie. Ale homo neoneanderthalis są podatne na choroby cywilizacyjne takie jak nowotwory, choroby autoimmunologiczne, neurodegenerację, zespół metaboliczny i zaburzenia neuropsychiatryczne. Homo neoneanderthalis wygasa po pewnym czasie. [1-17]

Zespół komórek macierzystych lub neandertalizacja wywołana przez archeologów jest spowodowana globalnym ociepleniem i kwaśnymi deszczami, które prowadzą do zwiększonej symbiozy archeologicznej. Archaeae katabolizuje cholesterol i generuje digoksynę, kwasy żółciowe i krótkołańcuchowe kwasy tłuszczowe, które powodują indukcję rozprzężonych białek. W ten sposób dochodzi do dysfunkcji mitochondriów, a komórka otrzymuje energię z glikolizy. Archeologiczna digoksyna wytwarza błonową inhibicję ATPazy potasowo-sodowej, która przyczynia się również do konwersji komórek macierzystych. W całym organizmie somatycznym i mózgu dochodzi do konwersji komórek macierzystych, które stają się fenotypem komórek macierzystych o fenotypie metabolicznym Warburga. Uogólniona kwasowość spowodowana globalnym ociepleniem i zwiększonym dwutlenkiem węgla w atmosferze ułatwia również rozwój archeologiczny i transformację komórek macierzystych. Kwaśne pH spowodowane fenotypem Warburga i podwyższonym stężeniem atmosferycznego dwutlenku węgla powoduje również konwersję komórek macierzystych. Zróżnicowane komórki somatyczne przekształcone w komórki macierzyste tracą swoją funkcję i stają się dysfunkcyjne metabolicznie, neurologicznie, immunologicznie i endokrynologicznie. W ten sposób powstaje epidemiczny zespół guziczków Benjamina, a gatunek ludzki staje się neandertalczykiem i kolekcją niedojrzałych komórek macierzystych. Prowadzi to do powstania epidemicznego zespołu metabolicznego x, zwyrodnień, nowotworów, chorób autoimmunologicznych, autyzmu i schizofrenii. Mózg przekształca się w kolekcję komórek macierzystych, które są rozróżniane z utratą funkcji i są jak sieć kolonii archeologicznych. Postrzeganie staje się pozazmysłowe i kwantowe w zależności od archeologicznego magnetytu. Zwiększona ilość niskiego poziomu percepcji EMF powoduje zanik kory przedczołowej. Wytwarza on również przerost móżdżku i przejmuje funkcje poznawcze móżdżku. Prowadzi to również do zmian społecznych, w których dominuje zło i duchowość. Kończy się świat logicznego społeczeństwa obywatelskiego świata chrześcijańskiego i przejmują go zachowania pogańskie. Społeczeństwo staje się egoistyczne i zdominowane przez impulsywny konsumpcjonizm i kapitalizm nabytkowy. Świat staje się okrutny, gwałtowny, agresywny i terrorystyczny. Sztuka staje się chaotyczna i abstrakcyjna zgodnie ze zmysłami i nieświadomością. Dominuje obsesyjna i przemienna seksualność. Dominują przestępcze zachowania i okrucieństwo. Świat jest impulsywny psychopatyczny, twórczy autystyczny z cechami idiotycznych zbawicieli, rytualny, chaotyczny, seksualny, brzydki, anarchiczny, gwałtowny, zły, pogański, obsceniczny, ateistyczny, duchowy, a także egoistyczny. Naśladuje on świat Niezteschеański, zdekonstruowany świat Derridy, surrealistyczny świat Bataille'a i nihilistyczny, anarchiczny świat. Jest śmierć jednostki i życie staje się wartością społeczną. Jest to acefalistyczny świat Freuda i Junga. Sztuka jest abstrakcyjna, literatura jest magicznie realna, muzyka jest rockowa, a taniec chaotyczny. Wszystko to wynika z zanikania racjonalności i dominacji prymitywnych zachowań impulsywnych. Dominuje cywilizacja zmysłów zdominowana przez nieświadomość. Utracona zostaje wola do dobra, jaką daje kora mózgowa. Powoduje to rozwój nowego homo neoneandertalskiego gatunku ludzkiego z jego dominującym złowrogim duchowym mózgiem móżdżku. Wytwarza on surrealistyczny, zły mózg z przejęciem sfery zmysłów, archetypów, złej duchowości i impulsywności. Jest to królestwo zbiorowego nieświadomego i egoistycznego kapitalizmu z wolą władzy i sferą zmysłów. [1-17]

Referencje

1. Weaver TD, Hublin JJ. Neandertal Birth Canal Shape and the Evolution of Human Childbirth. *Proc. Natl. Acad. Sci. USA* 2009; 106:8151-8156.

2. Kurup RA, Kurup PA. Endosymbiotic Actinidic Archaeal Mediated Warburg Phenotype Mediates Human Disease State. *Advances in Natural Science* 2012; 5(1):81-84.

3. Morgan E. The Neanderthal theory of autism, Asperger and ADHD; 2007, www.rdos.net/eng/asperger.htm.

4. Graves P. New Models and Metaphors for the Neanderthal Debate. *Current Anthropology* 1991; 32(5): 513-541.

5. Sawyer GJ, Maley B. Neanderthal zrekonstruowany. *The Anatomical Record Part B: The New Anatomist* 2005; 283B(1):23-31.

6. Bastir M, O'Higgins P, Rosas A. Facial Ontogeny in Neanderthals and Modern Humans. *Proc. Biol. Sci.* 2007; 274:1125-1132.

7. Neubauer S, Gunz P, Hublin JJ. Endocranial Shape Changes during Growth in Chimpanzees and Humans: Analiza morfometryczna Unique and Shared Aspects. *J. Hum. Evol.* 2010; 59:555-566.

8. Courchesne E, Pierce K. Brain Overgrowth in Autism during a Critical Time in Development: Implikacje dla rozwoju Neuronu Piramidalnego i Interneuronu i łączności. *Int. J. Dev. Neurosci.* 2005; 23:153–170.

9. Green RE, Krause J, Briggs AW, Maricic T, Stenzel U, Kircher M, Patterson N, Li H, Zhai W, *et al.* A Draft Sequence of the Neandertal Genome. *Science* 2010; 328:710-722.

10. Mithen SJ. *The Singing Neanderthals: The Origins of Music, Language, Mind and Body*; 2005, ISBN 0-297-64317-7.

11. Bruner E, Manzi G, Arsuaga JL. Encephalization and Allometric Trajectories in the Genus Homo: Dowody z linii neandertalskiej i nowoczesnej. *Proc. Natl. Acad. Sci. USA* 2003; 100:15335-15340.

12. Gooch S. *The Dream Culture of the Neanderthals: Strażnicy Starożytnej Mądrości.* Inner Traditions, Wildwood House, Londyn; 2006.

13. Gooch S. *The Neanderthal Legacy: Obudzenie naszych genetycznych i kulturowych korzeni.* Inner Traditions, Wildwood House, Londyn; 2008.

14. Kurtén B. *Den Svarta Tigern*, ALBA Publishing, Stockholm, Sweden; 1978.

15. Spikins P. Autyzm, Integracja "Różnicy" i Pochodzenie Nowoczesnego Zachowania Człowieka. *Cambridge Archaeological Journal* 2009; 19(2):179-201.

16. Eswaran V, Harpending H, Rogers AR. Genomika odrzuca wyłącznie afrykańskie pochodzenie człowieka. *Journal of Human Evolution* 2005; 49(1):1-18.

17. Ramachandran V.S. The Reith wykłada, BBC Londyn. 2012.

ROZDZIAŁ 4

ZMIANY KLIMATU I GATUNKI LUDZKIE - HOMO NEANDERTHALIS, HOMO SAPIENS, HOMO SAPIEN EXTINCTUS I HOMO NEONEANDERTHALIS - ZMIANY KLIMATU I EWOLUCJA NOWYCH GATUNKÓW

Endosymbiotyczne archaiki i ewolucja gatunkowa

Globalne ocieplenie prowadzi do endosymbiotycznego i kolonialnego wzrostu archeologicznego, prowadząc do zmian w strukturze i funkcji ludzkiego ciała i układu. Przerost archeologiczny w komórkach prowadzi do powstania nowych organelli komórkowych zwanych archaeaonami. Archeoeony mają szlak shikimatyczny, który może syntezować tyrozynę i dopaminę. Dopamina może być przekształcona w dopachrom, a epinefryna w adrenochrom. Dopachrom i adrenochrom mogą ulec polimeryzacji poprzez utlenianie generujące melaninę. Archaiki wydzielające melaninę można nazwać melanosomami archeologicznymi. Melanina w melanosomach ma szeroki zakres absorpcji widm światła i promieniowania gamma i może go przenosić do generowania energii. Ta transdukcja energii może rozszczepiać wodę na H2 i O2 i generować protony modulujące gradient protonów w błonie mitochondrialnej syntetyzując ATP. Melanina w melanosomie może pochłaniać fotony redukując ubichinon do ubichinolu i generować syntezę ATP poprzez fosforylację oksydacyjną. W ten sposób melanina w archaikach w ludzkiej komórce może funkcjonować jako organella fotosyntetyczna. Archaiony i ich melanina mogą wykorzystywać promieniowanie gamma do syntezy ATP i mogą istnieć w ekstremalnych warunkach. W ten sposób archaeaony mogą produkować źródło energii ze światła i fal elektromagnetycznych oraz promieniowania gamma. Melanina jest zdolna do przewodzenia fal elektromagnetycznych i pól elektromagnetycznych niskiego poziomu i może być zdolna do odbioru kwantowego. W ten sposób melanina w melanosomach jest zdolna do wykrywania i przechowywania informacji, jak również do produkcji energii z fal elektromagnetycznych i wody. Mózg ludzki mógł ewoluować przez ten mechanizm. Ludzie są bezwłosieni w porównaniu z innymi naczelnymi i są narażone na więcej światła indukującego melaninę indukowanej fotosyntezy i wytwarzania energii, które mogłyby przyczynić się do ewolucji kory mózgowej człowieka i skomplikowanego ludzkiego mózgu. Archaiczne melanosomy są zdolne do gaszenia wolnych rodników i opierają się fagocytarnej destrukcji. Melanosomy są również odporne na promieniowanie i promieniowanie UV. Archaeony są niezniszczalne i wieczne. Archaeony posiadają magnetyt i są zdolne do kwantowej percepcji i przechowywania informacji. Melanina służy również do kwantowej percepcji i przechowywania informacji. Archaeonowie mogą również syntezować cząstki magnetytu tworzące subkomórkowe organelle zwane magnetosomami. Magnetytit może oddziaływać z melaniną tworząc nadcząsteczkowe układy złożone. Archaeaon może syntezować porfiryny, które mogą się organizować w celu utworzenia samoodtwarzających się struktur zwanych porfiryntami. Porfiryny mogą oddziaływać z melaniną tworząc również nadcząsteczkowe układy złożone. Pigmenty eumelaniny zawierają tetramery na bazie indolu, które są ułożone w domenach przypominających porfirynę. Struktury oparte na indolach mogą samoorganizować się na rusztowaniach porfirynowych, tworząc struktury tetrameryczne i melaninę. Struktura chemiczna melaniny w skali makromolekularnej wykazuje strukturę pierścieniową tetrameryczną, prawdopodobnie z powodu samoorganizowania się na rusztowaniach porfirynowych. Porfiryny mogą generować kompleksy melanosomowe i tworzyć samoorganizujące się nadcząsteczkowe układy złożone. Archaeonowe cząstki melanosomów, magnetosomów i porfirów tworzą złożoną sieć kolonii o wyspecjalizowanych funkcjach. Mogą one funkcjonować jako kwantowy system obliczeniowy. Porfiry i melanosomy mogą przetworzyć energię i syntezować ATP funkcjonując jako prymitywny system fotosyntetyczny. Magnetoosomy, porfiony i melanosomy mogą funkcjonować jako systemy przechowywania informacji. Magnetosomy i porfiony są dipolarne i mogą pełnić kwantową funkcję spostrzegawczą w oparciu o inhibicję ATPazy potasowo-sodowej za pośrednictwem pompowanego systemu fononowego. Melanina może funkcjonować jako nadprzewodnik dla promieniowania wysokiej częstotliwości i neurotransmisji, jako półprzewodnik dla dźwięku i ciepła, przewodzić ładunki jonowe ciała i rezonować dla częstotliwości światła widzialnego. Archaeaon - magnetosom, porfirany i sieć melanosomów może funkcjonować jako kwantowy mózg komputerowy, zmniejszając klasyczny mózg człowieka do mózgu zombie. Tak więc wywołana globalnym ociepleniem sieć kolonii archaicznych i melanosomów jest niezniszczalna i wieczna i przejmuje ludzkie ciało. Programy metaboliczne organizmu ludzkiego są tłumione, w tym mitochondrialna fosforylacja oksydacyjna. Organizm ludzki zostaje zredukowany do zombie lub ramy dla rozwoju kolonii archaicznej. Archaeaon indukuje transformację komórek macierzystych żywiciela komórek ludzkich i zmienia metabolikę komórek ludzkich. Fosforylacja oksydacyjna komórek ludzkich jest tłumiona i jest uzależniona od glikolizy na potrzeby energetyczne. Szlak glikolityczny człowieka jest przejmowany przez archaika dla jego potrzeb. Metabolity glikolityczne są kierowane do szlaku kwasu shikimowego i szlaku fosforanu D-ksylulozy. Ścieżka DXP może syntetyzować cholesterol, który jest katabolizowany przez archaika dla jego energii. Pierścieniowe oksydazy cholesterolowe przekształcają cholesterol w pirogronian, który następnie wchodzi w ścieżkę bocznikową GABA. Oksydazy z łańcucha bocznego oksydazy cholesterolu przekształcają łańcuch boczny w krótkołańcuchowe kwasy tłuszczowe i żółciowe. Aromatazy cholesterolowe przekształcają pierścień cholesterolowy w pozostałości fenylu oraz syntezę tyrozyny i tryptofanu. Ścieżka kwasu shikimowego wykorzystuje również substraty ze ścieżki glikolitycznej i generuje tyrozynę i tryptofan. Syntezowana tyrozyna jest przekształcana na dopa, dopaminę, dopachrom i utleniana do melaniny. Melanina służy do wychwytywania promieniowania elektromagnetycznego, promieni UV, promieniowania gamma i światła syntetyzującego ATP. Melanina może służyć jako podłoże do prymitywnej fotosyntezy archeologicznej. Prowadzi to do zmian w funkcji i strukturze mózgu. Mózg funkcjonuje jako archaiczna, melanosomalna sieć kolonii magnetytowych zdolna do kwantowej percepcji, przechowywania informacji i generowania energii. To zmienia funkcję mózgu na impulsywny i anarchiczny tryb funkcji społecznych i funkcjonowania społeczeństwa jako grupy lub organizmu zbiorowego. Kwantowa percepcja archaicznych prowadzi również do ewolucji pewnego rodzaju komunikacji ze światem kwantowym tworząc rodzaj uniwersalnej osobowości lub siebie. Komórka i system ludzki zostaje przekształcony w kolonię komórek macierzystych, która jest niedojrzała i pozbawiona funkcjonalnego zróżnicowania, stając się zombie dla archeologicznej kolonii. Melanosom i melanina stanowią pierwszą linię obrony przed infekcją i są niezbędne do uzyskania odporności wrodzonej. Melanosomy mogą zabijać bakterie, wirusy i inne organizmy, o czym świadczy związany z albinizmem zespół Chediaka Higashi i zespół Griscellego. Archeologiczny melanosom chroni go również przed wysoką temperaturą, chemikaliami, rodnikami tlenowymi, utleniaczami, promieniowaniem UV i metalami ciężkimi. Archeologiczna melanina czyni endosymbiotyczną archaea niezniszczalną.

Międzygalaktyczna chmura kwantowych obliczeń archeologicznych universalis

W przestrzeni międzygalaktycznej znajdują się mikroorganizmy, szczególnie takie jak archaiczne archaiki. Kolonia archeologiczna ze swoimi melanosomami, magnetosomami i porfirami może tworzyć w przestrzeni międzygalaktycznej gigantyczną kwantową chmurę obliczeniową funkcjonującą jako międzygalaktyczna nadludzka inteligencja. Porfiryny mogą tworzyć szablon do generowania wiroidów RNA, wiroidów DNA i prionów, które mogą się samoorganizować tworząc archaiki. Same porfiony są zdolne do falowo-cząsteczkowego istnienia i samoreplikacji. W ten sposób kwantowa chmura obliczeniowa pozaziemskiej inteligencji może powstać samodzielnie z kwantowych pól elektromagnetycznych przestrzeni międzygalaktycznej. Tę pozaziemską inteligencję kwantowej chmury obliczeniowej archaicznych, magnetosomów, melanosomów i porfirów w przestrzeni międzygalaktycznej można nazwać międzygalaktycznym archeologicznym kwantowym chmurą obliczeniową universalis. Tworzy on wszechobecnego obserwatora antropomorficznego tworzącego wszechświat z kwantowej piany, który sam powstaje z kwantowej piany. Porfiryny mogą powstać sui generis z kwantowej piany i tworzą szablon do tworzenia wiroidów RNA. Tworzy się międzygwiezdna chmura wiroidów RNA. Wiroidy RNA później kodują wiroidy DNA i priony. Organizm izoprenoidalny może również powstać w rusztowaniu porfirynowym. Międzygwiazdowa chmura dominujących wiroidów RNA daje początek formie uniwersalnej świadomości lub falom grawitacyjnym. Wiroidy RNA mogą generować prądy elektryczne przez efekt piezoelektryczny, gdzie energia mechaniczna spowodowana stresem ścinania populacji wiroidów RNA jest przekształcana w energię elektryczną i może to dać początek falom grawitacyjnym i świadomości. Białko spiralne wirusów ma ujemne i dodatnie naładowane końcówki i działa jak dipol. Kiedy są one zgniecione przez stres ścinania populacji wiroidów kształt pręta wiroidów zmienia się na owalny i dipol staje się nierówny. Generuje to siły elektromagnetyczne i fale grawitacyjne. Fala grawitacyjna stanowi podstawę świadomości. Populacja wiroidów RNA może mieć silikonową powłokę i może dotrzeć do ziemi przez asteroidalne uderzenia i daje początek endogenicznym retrowirusom. Ludzkie endogenne retrowirusy przyczyniają się do plastyczności ludzkiego genomu i rozwoju połączeń synaptycznych ważnych dla ewolucji kory przedczołowej. Populacja wiroidów RNA najlepiej rozwija się w obecności grawitacji i odgrywa ważną rolę w rozwoju ludzkiej kory mózgowej w homo sapiens. Mózg homo sapiens jest mózgową korową dominującą z w pełni rozwiniętą świadomością człowieka z powodu wzrostu sekwencji HERV, co zwiększa plastyczność genomową i łączność synaptyczną. Homo sapiens są stworzeniami z dominującą funkcją świadomą i są logiczne i racjonalne. Międzygwiezdna populacja wiroidów RNA przyczynia się do świadomości i fal grawitacyjnych, które są powiązane. Międzygalaktyczna ciemna materia i ciemna energia przyczynia się do prawie 90% energii wszechświata. Ciemna energia przyczynia się do powstawania sił antygrawitacyjnych, które są odpychające i przyczyniają się do rozszerzania się wszechświata. Ciemna energia, ciemna materia i antygrawitacja przyczyniają się do zbiorowej nieświadomości i ludzkiej nieświadomości. Ciemna materia składa się z melanotycznych sieci archeologicznych, które tworzą ogromne chmury we wszechświecie. Melanotyczne archaiki powstają abiogenetycznie z porfirynowych rusztowań, które spontanicznie strukturyzują się z kwantowej piany. Na tych rusztowaniach porfirynowych tworzą się wiroidy RNA, wiroidy DNA, priony, melanina i izoprenoidy, które symbiotycznie tworzą melanotyczne archaiki. W ten sposób populacja wiroidów porfirynowych/RNA, które pośredniczą w grawitacji i świadomości, tworzy melanotyczne archaiczne chmury i antygrawitację pośredniczącą w zbiorowej nieświadomości. Tak więc grawitacja daje początek antygrawitacji, a świadomość daje początek nieświadomości. Melanotyczne archaiki mogą wykorzystywać fale antygrawitacyjne, promieniowanie kosmiczne i promieniowanie gamma jako źródło energii do syntezy ATP. Ciemna materia melanotycznych archaikach przyczyniających się do antygrawitacji rozwija się i mnoży w sytuacjach zerowej grawitacji. Archaiki melanotyczne zawierają magnetyt, który może odpychać się wzajemnie po odpowiednim ustawieniu, przyczyniając się do odpychającej antygrawitacji. Antygrawitacja jest związana ze zbiorową nieświadomością na świecie, jak również z ludzką nieświadomością, która jest zorganizowana w móżdżku. Ciemna materia zawierająca melanotyczne archaiki przenoszona jest do euroazjatyckiej masy lądowej i ziemi przez uderzenia asteroidów i tworzy gigantyczne kolonie i sieci ewoluujące do homo neandertalczyków. Mózg homo neandertalczyków ma strukturę i funkcję dominującą w móżdżku i jest impulsywny z dominującą funkcją nieświadomości. Świadoma funkcja i kora mózgowa są mniej rozwinięte w homo neanderthalis, ponieważ są one retroviral odporne. Archaea indukuje konwersję komórek macierzystych i wydziela digoksynę, która sprawia, że populacja komórek homo neanderthalis jest retroviraloodporna. Niedobór sekwencji HERV prowadzi do wadliwego rozwoju homo neanderthalis w korze mózgowej. Homo neanderthalis są impulsywnymi istotami nieświadomymi modulowanymi przez fale antygrawitacyjne. Ta pozaziemska inteligencja kwantowej chmury obliczeniowej może widzieć życie w różnych częściach galaktyk za pomocą asteroid i meteorów. Gatunek ludzki wyewoluował z zasianych archaonów z pozaziemskiej inteligencji kwantowej chmury obliczeniowej utworzonej z archeologicznej kolonii archaonów - magnetosomów, melanosomów i porfirów. Dotarłoby to do Ziemi przez uderzenia meteoryczne i asteroidalne. Uderzenia meteorów i asteroidów miałyby miejsce najpierw w euroazjatyckiej masie lądowej, zwłaszcza w północnej tundrze Syberii. Homo neandertalczyk ewoluowałby w tej euroazjatyckiej masie lądowej. Ponieważ syberyjska masa lądowa była zimna i ciemna, homo neandertalczycy byli zdepigmentowani i jaskrawo farbowani, bez włosów, z rzadkimi rudymi włosami. Brakowało im melaniny i melaniny indukowanej transdukcją energii oraz fotosyntezą prowadzącą do syntezy ATP. Homo neandertalczyk był pozbawiony energii, a kora neandertalczyka była prymitywnie ukształtowana i móżdżek zdominował ich funkcję poznawczą. Endosymbiotyczna sieć archeologiczna w mózgu wraz z jej magnetosomami, melanosomami i porfirynami tworzy prymitywny kwantowy system obliczeniowy. Funkcjonuje on jako system odbioru i przechowywania informacji w komunikacji z pozaziemską inteligencją kwantowej chmury obliczeniowej w przestrzeni międzygalaktycznej. Homo neandertalczyk, ze względu na brak melanosomów i wrodzonej odporności, przez pewien czas stosunkowo wyginął, a skamieniałe resztki w różnych częściach świata. Homo neandertalczyk miał postrzeganie kwantowe, które tworzyło poczucie jedności z płcią i równości społecznej w społeczeństwie. Społeczeństwo było równe pod względem płci i matriarchalne. Matriarchalne społeczeństwa Drawidiuszów, Basków, Celtów, Harappanów, Sumerów i Żydów były skamieniałymi resztkami gatunku homo neanderthalis. Skrajne zimno epoki lodowcowej doprowadziło do powstania endosymbiotycznych archaidiecezji przy braku melanosomów u neandertalczyków. Melanosomy funkcjonują jako pierwsza linia obrony przed zakażeniem i są ważne w odporności wrodzonej. Brak melanosomów doprowadziłby do wadliwej odporności wrodzonej i ewentualnego częściowego wyginięcia homo neandertalczyków z zachowaniem skamieniałych skupisk macierzyńskich. Skamieniałe skupiska neandertalczyków matrilinowych są obecne w różnych częściach świata. Skamieniałe homo neandertaliny są podatne na zwiększoną archaiczną endosymbiozę będącą konsekwencją globalnego ocieplenia i związanych z nim chorób cywilizacyjnych zespołu metabolicznego, schizofrenii, nowotworów, chorób autoimmunologicznych i degeneracji. Homo neandertalis będzie wymarły z powodu chorób cywilizacyjnych w wyniku globalnego ocieplenia wywołanego przez endosymbiotyczne wzrostu archeologicznego.

Homo sapiens

Homo sapiens ewoluował w tropikalnej, gorącej afrykańskiej masie lądowej. Pierwszy gatunek ludzki, który wyewoluował, to homo neanderthalis w stepach Eurazji. Homo sapiens wyewoluowałby z archaicznych wydzielanych porfirów i wiroidów RNA niezależnie. Porfiry mogły zostać przeniesione do tropikalnej masy lądowej Afryki i służyłyby jako substrat do tworzenia się wiroidów RNA, wiroidów DNA i prionów, które symbiozowały ze sobą tworząc prymitywne komórki eukariotyczne. Wysoka temperatura kontynentu afrykańskiego przyczyniłaby się do mutacji wiroidów RNA i DNA, prowadząc do szybkiej ewolucji. Gleba Afryki Subsaharyjskiej jest pozbawiona selenu. Niedobór selenu prowadzi do mutacji wiroidalnych RNA. Tak więc skrajne wartości temperatury i niedobór selenu prowadzą do różnorodności wiroidalnej RNA. Ta różnorodność wiroidalna RNA doprowadziłaby do szybkiej ewolucji homo sapiens z komórki eukariotycznej. Ta komórka eukariotyczna wyewoluowałaby do gatunku homo sapiens w pewnym okresie czasu. Wiroidy RNA są podstawą genów HERV, które przyczyniają się do dynamiki genomu homo sapiens. Z kolei homo neanderthalis jest odporny na działanie retrowirusów, podczas gdy homo sapiens jest wrażliwy na działanie retrowirusów. W archaiwum homo neanderthalis wydziela się digoksyna, hormon steroidowy, który może zniszczyć retrowirus. Homo neanderthalis posiada również endosymbiotyczny cholesterol katabolizujący archaiki, który może zmieniać miejsca błonowe do wiązania wstecznego, czyniąc gatunek neandertalczyka odpornym na infekcje wsteczne. Homo neanderthalis ma niedobór genów skokowych HERV w genomie oraz sztywny genom w porównaniu z sekwencjami HERV zapośredniczonymi w elastycznym genomie homo sapiens. Homo sapiens w trakcie ewolucji w gorącej afrykańskiej sawannie byliby wystawieni na działanie ciepła i światła. To byłoby związane w zwiększonej melanogenezy i ciemniejszej skóry i dużo włosów w ewolucji homo sapiens. Homo sapiens ze względu na ich ciemny kolor byłby nadmiar energii wynikający z melaniny indukowanej energii transdukcji i syntezy ATP. Doprowadziłoby to do ewolucji kory mózgowej człowieka. Wiroidy RNA zintegrowane z genomem pełniłyby funkcję skokowych genów HERV, przyczyniając się do dynamiki genomu. Dynamiczny i elastyczny genom jest potrzebny do rozwoju łączności synaptycznej i kory mózgowej. W ten sposób homo sapiens rozwijają współczesną ludzką korę mózgową w wyniku nadmiaru energii wytwarzanej przez indukowaną przez melaninę transdukcję energii i syntezę ATP. Wzrost melaniny i melanosomów zwiększył wrodzoną odporność homo sapiens, czyniąc je odpornymi na endogenną endosymbiozę archeologiczną. Homo sapiens były odporne na endosymbiotyczny wzrost archeosymbiotyczny obserwowany w ekstremalnych warunkach klimatycznych globalnego ocieplenia i epoki lodowcowej. Homo sapiens, które wyewoluowały z gorącej, tropikalnej Afryki, miały zwiększoną zawartość melaniny w skórze, co hamuje archeologiczną endosymbiozę i neandertalizację. Gatunek homo sapiens jest więc chroniony przed zwiększoną archeologiczną endosymbiozą będącą konsekwencją globalnego ocieplenia i związanych z nim chorób cywilizacyjnych zespołu metabolicznego, schizofrenii, raka, choroby autoimmunologicznej i zwyrodnienia.

Mutacje homo sapien albino i homo neoneanderthalis

Homo sapiens rozwinął mutacje albinosów, którym brakowało enzymu tyrozynazy. Te mutacje albinosów homo sapiens nie mogły przetrwać w gorącej afrykańskiej sawannie ze względu na brak pigmentacji i wyemigrowały na południowoeuropejską masę lądową. Wyewoluował on w patrylową cywilizację europejską homo sapien. Patrylinowa cywilizacja europejska homo sapien powstała z homo sapien patrylinowej cywilizacji afrykańskiej. Mutacje albinosów homo sapiens tworzące cywilizację europejską są podatne na endosymbiotyczny wzrost archeologiczny będący konsekwencją globalnego ocieplenia. Zmutowane albinosy homo sapiens pozbawione są melaniny i melanosomów ważnych dla wrodzonej odporności. Prowadzi to do powstania żyznych warunków dla endosymbiotycznego wzrostu archeologicznego u mutantów albinosów, populacji kaukaskiej. Endosymbiotyczny wzrost archeologiczny w populacji kaukaskiej prowadzi do ewolucji nowego gatunku ludzkiego. Ludzkie zombie kontrolowane przez endosymbiotyczną sieć kolonii magnetytowych archaicznych można nazwać nowym gatunkiem - homo neoneanderthalis. Tak więc zmiana gatunkowa zachodzi w populacji albinos-mutantów homo sapien w Europie i Ameryce w wyniku globalnego ocieplenia i endosymbiotycznego wzrostu archaicznego. Gatunki homo neoneanderthalis i skamieniałe homo neanderthalis są podatne na zwiększoną archeologiczną endosymbiozę będącą konsekwencją globalnego ocieplenia i związanych z tym chorób cywilizacyjnych zespołu metabolicznego, schizofrenii, nowotworów, chorób autoimmunologicznych i degeneracji. Homo neanderthalis i homo neoneanderthalis wyginą z powodu chorób cywilizacyjnych wynikających z globalnego ocieplenia wywołanego przez endosymbiotyczny wzrost archeologiczny.

Homo sapien extinctus

Homo neanderthalis i homo neoneanderthalis mają endosymbiotyczną symbiozę archeologiczną. Endosymbiotyczne archaiki wydzielają wiroidy RNA, które mogą być aktywowane przez odwrotną transkryptazę HERV generującą odpowiednie sekwencje DNA, które mogą być zintegrowane z genomem przez integrase HERV. Archaeal digoksyna może edytować wiroidy RNA produkując szeroką różnorodność. Archeologiczne porfiryny mogą służyć jako szablon do generowania wiroidów RNA, wiroidów DNA i prionów. Wiroidy RNA i wiroidy DNA mogą rekombinować z wirusami RNA i DNA w środowisku generującym nowe wirusy RNA i DNA. Wiroidy RNA i DNA mogą wymieniać się swoimi sekwencjami z bakteriami środowiskowymi generującymi nowe bakterie. Tak więc może być endogenne generowanie nowych wirusów RNA, wirusów DNA i bakterii w homo neanderthalis i homo neoneanderthalis wynikające z endosymbiotycznego zarastania archeologicznego w wyniku globalnego ocieplenia. Homo neanderthalis i homo neoneanderthalis są odporne na te nowo wygenerowane wirusy RNA, wirusy DNA i bakterie i działają jako rezerwuar dla nich. Nowy, wyewoluowany wirus RNA, wirus DNA i bakterie generowane ze zbiornika środowiskowego homo neanderthalis i homo neoneanderthalis zarażają niezabezpieczony gatunek homo sapien eksterminujący gatunek homo sapien. Gatunek homo sapien podupada w miarę jak mutanty homo sapien albinosów przekształcają się w homo neoneanderthalis, a afrykańsko-azjatycki homo sapiens ginie w wyniku epidemii nowych infekcji wirusowych RNA generowanych przez zbiorniki neandertalskie. Ten gatunek homo sapiens można nazwać homo sapien extinctus.

Archaiki mogą powodować konwersję komórek macierzystych i neandertalizację gatunku ludzkiego. Archaea katabolizuje cholesterol generując digoksynę, która może modulować edycję RNA, a niedobór magnezu powoduje hamowanie odwrotnej transkryptazy. Archaiczny katabolizm cholesterolu może zubożyć tratwy błonowe komórki CD4 cholesterolu, uniemożliwiając przedostanie się retrowirusa do komórki. Archaea mogą wytwarzać trwałą aktywację immunologiczną wytwarzając odporność na infekcje wirusowe i bakteryjne. Archealny katabolizm cholesterolu wyczerpuje cholesterol tkankowy produkując niedobór witaminy D i aktywację immunologiczną. W ten sposób archeologiczne zarastanie skutkuje opornością wsteczną i wytwarzaniem fenotypu neandertalskiego. Endosymbiotyczne archaiki mogą wydzielać wirusy takie jak RNA i cząsteczki DNA. Endosymbiotyczne archaiki mogą indukować uwalnianie białek hamujących oksydacyjną fosforylację mitochondrialną i generować ROS. Endosymbiotyczny archaiczny magnetyt może generować niski poziom EMF. Niski poziom EMF i ROS są genotoksyczne i wytwarzają pęknięcia w gorących punktach chromosomu. Może również wywoływać pęknięcia w gorących punktach chromosomu zamieszkiwanych przez retro-wirusowe i nieretrowirusowe elementy wytwarzające ich ekspresję. Wydzielane przez archeologów wiroidy DNA i RNA mogą rekombinować się z wyrażonymi retro-wirusowymi, nieretrowirusowymi elementami i innymi segmentami genomowymi ludzkiego chromosomu wytwarzającymi nowe wirusy RNA i DNA. W ten sposób neandertalizowani ludzie mogą służyć jako źródło nowych wirusów RNA i DNA, jak również zmutowanych retrowirusów. Endosymbiotyczne archaiki przekształcają komórki neandertalczyków w komórki macierzyste. Komórki macierzyste są odporne na atak immunologiczny. Komórki macierzyste mogą służyć jako rezerwuar dla tych nowych wirusów RNA i DNA. Komórki macierzyste i archaiczne mogą również służyć jako rezerwuar dla wirusów i bakterii należących do innych roślin i zwierząt. To pomaga generować gatunkową barierę skok w zauważalny w niedawnych pojawiających się infekcjach wirusowych i bakteryjnych. Tak więc endosymbiotyczny wzrost archeologiczny produkuje neandertalizowaną wersję homo sapiens, które są retroviralne i odporne na inne infekcje wirusowe i bakteryjne wynikające z aktywacji immunologicznej i edycji RNA wywołanej digoksyną. Endosymbiotyczna, archeologiczna wersja homo sapiens z przerostem neandertalicznym generuje nowe zmutowane wirusy RNA i DNA oraz retrowirusy, będąc jednocześnie na nie odporną, jak w przypadku gatunku nietoperza. Homo sapiens nie posiadają neandertalskich mechanizmów aktywacji immunologicznej, ponieważ ich ładunek archeologiczny jest niewielki. Służą jako pasza dla infekcji wywołanych przez neandertalskie wirusy i bakterie i cierpią na ewentualne wyginięcie.

Globalne ocieplenie i ewolucja symbiotyczna

Globalne ocieplenie prowadzi więc do symbiotycznej ewolucji gatunku. Pozaziemski międzygalaktyczny kwantowy obłok obliczeniowy archaiczny tworzy inteligentnego obserwatora antropomorficznego. Kwantowa chmura obliczeniowa archaea nasyca archaea do ziemi poprzez oddziaływania meteoryczne i asteroidalne. Kolonie archaiczne ostatecznie ewoluują w organizm wielokomórkowy i dalej w homo neandertalczyk. Homo neanderthalis może być pomyślana jako wielokomórkowa kolonia archeologiczna. W ten sposób homo neanderthalis powstaje na ziemi w euroazjatyckiej masie lądowej z zasianych kolonii archeologicznych z pozaziemskiej międzygalaktycznej archeologicznej chmury obliczeniowej. Homo neandertalczyk jest wyczerpany energetycznie. Homo neanderthalis wydziela archeologiczną steroidową digoksynę trefonową, która moduluje neutralny transporter aminokwasów, zwiększając transport tryptofanu nad tyrozyną. Homo neandertalis jest tyrozyną zubożoną i deficytową w syntezie melaniny. Nie ma syntezy ATP indukowanej melaniną z fal elektromagnetycznych i transdukcji promieniowania. Homo neandertalina była wyczerpana energetycznie i dlatego nie miała luksusu na rozwój współczesnej kory mózgowej człowieka. Homo neandertalina jest również odporna na działanie czynników retroviralnych. Homo neanderthalis wykazywał braki w endogennych sekwencjach retrowirusowych przyczyniając się do powstania sztywnego i adynamicznego homo neandertalskiego genomu. Doprowadziło to do redukcji połączeń synaptycznych i słabego rozwoju homo neandertalicznej kory mózgowej. Homo sapiens wyewoluował ze źródeł lądowych w Afryce z samoreplikujących się kompleksów porfirynowych. Samoodtwarzające się kompleksy porfirynowe tworzą rusztowanie dla nadcząsteczkowych kompleksów organizmu izoprenoidalnego, wiroidów RNA, wiroidów DNA i prionów do samodzielnej organizacji. Organizm izoprenoidalny utworzył pojemnik komórkowy, który symbiozywał wiroidy RNA, wiroidy DNA i priony w celu utworzenia prymitywnej komórki eukariotycznej i prokariotycznej. Organizm eukariotyczny rozwinął się w kolonie wielokomórkowe i ostatecznie wyewoluował w homo sapiens w Afryce. Tak więc homo sapiens jest wielokomórkową kolonią eukariotyczną, która rozwijała się przez pewien okres czasu. W przypadku onkogenezy homo sapiens powraca do stanu prymitywnej wielokomórkowej kolonii eukariotycznej lub prokariotycznej. W ten sposób homo sapiens w Afryce wyewoluowały z lądowych źródeł abiogenetycznych. Homo sapiens ze względu na surowe środowisko tropikalne Afryki miał zwiększoną pigmentację melaniny w skórze w celu ochrony przed promieniami UV jako mechanizm ewolucyjny i były czarne. Mózg homo sapiens wyewoluował z nadmiaru energii wytwarzanej przez melaninę. Melanina może transdukować fale elektromagnetyczne i promieniowanie i produkować syntezę ATP. Nadmiar energii w homo sapiens doprowadził do szybkiej ewolucji kory mózgowej człowieka. Homo sapiens są również wrażliwe retroviral. Zakażenie retrowirusowe doprowadziło do integracji genów retrowirusowych z genomem homo sapiens produkującym endogenne sekwencje retrowirusowe funkcjonujące jako geny skokowe. Gen HERV przyczynia się do dynamiki i elastyczności genomu homo sapien, przyczyniając się do zwiększenia łączności synaptycznej i tworzenia się kory mózgowej człowieka. Mutacja tyrozynazy doprowadziła do ewolucji homo sapienskich mutantów albinosów. Mutacje homo sapien albinosów, które były białe, nie były w stanie wytrzymać gorącego klimatu afrykańskich tropików i migrowały do zimnej europejskiej masy lądowej. W ten sposób powstała cywilizacja homo sapien w Europie. W południowej Europie doszło do krzyżowania się mutantów homo sapien albinosów z homo neandertalczykami produkującymi hybrydy. Homo neanderthalis był matriarchalny, a homo sapiens albinosów - patriarchalny. Homo neanderthalis ulegał chorobom cywilizacyjnym, takim jak zespół metaboliczny x, nowotwory, choroby autoimmunologiczne i neurodegenerację oraz wyginął, pozostawiając za sobą skamieniałe społeczeństwa matriarchalne, takie jak Dravidianie, Celtowie, Baskowie i Żydzi. Homo sapien albino mutanty w warunkach globalnego ocieplenia rozwinęły ekstremofilny endosymbiotyczny wzrost archeologiczny i przekształcają się w homo neoneandertaliczny gatunek przez zjawiska symbiotycznej ewolucji. Gatunek homo sapiens w Afryce staje się podatny na ewentualne wyginięcie w wyniku zarażenia katastrofalnymi epidemiami wirusów RNA pochodzących z homo neanderthalis i zbiorników homo neoneanderthalis. Endosymbiotyczny wzrost archeologiczny doprowadzi do zmiany gatunku i powstania dwóch nowych gatunków - homo sapien extinctus i homo neoneanderthalis. Śmierć i starzenie się wskazują na endogenne zarastanie i przejmowanie przez człowieka archaektów. Doprowadzi to do wyginięcia rasy ludzkiej jako takiej i trwałości, a także do przetrwania archaicznej kolonii melanosomów, magnetosomów i porfirów funkcjonujących jako kwantowa kolonia komputerowa i inteligencja. Doprowadzi to do przejęcia świata i wszechświata przez ziemskie i pozaziemskie archaeaonowe chmury obliczeniowe kwantowe. Symbiotyczna ewolucja doprowadzi w końcu do wyginięcia wszystkich gatunków ludzkich w wieczne kolonie archaiczne, które mogą mieć falowo-cząsteczkowe istnienie.

Gatunek ludzki - pochodzenie lądowe i pozaziemskie

Homo sapiens ewoluował w ziemi z porfirynoidów generowanych abiogenetycznie. Porfirynoidy tworzą szablon do tworzenia wiroidów RNA, wiroidów DNA, organizmów izoprenoidalnych i prionów, które symbidują się tworząc komórki eukariotyczne i prokariotyczne. Eukariotyczna kolonia wielokomórkowa ewoluowała w homo sapiens. Prokarioty mogą również tworzyć wielokomórkowe kolonie funkcjonalne zwane biofilmami. Homo sapiens, które wyewoluowały w afrykańskiej sawannie, stały się pigmentowane w wyniku melanizacji skóry w odpowiedzi na promieniowanie słoneczne UV. Homo sapiens mają melaninę w skórze, ale z powodu braku endosymbiotycznych archai są niewystarczające w tkankach melaniny. Homo sapiens ze względu na brak endosymbiotycznych archaea i melaniny tkankowej są podatne na endogenną replikację retrowirusową i dynamiczny genom prowadzący do zwiększonej łączności synaptycznej i ewolucji kory przedczołowej. Homo neandertalina wyewoluowała w euroazjatyckich stepach z pozaziemskich kolonii archeologicznych uderzających w ziemię uderzeniami asteroidów. Kolonie archeologiczne przekształciły się w wielokomórkowe struktury i ostatecznie stały się homo neandertalczykami. Endosymbiotyczne archaiki mają szlak kwasu shikimowego i syntezy melaniny. Homo neanderthalis są bogate w melaninę tkankową, ale po wyewoluowaniu w zimnych stepach euroazjatyckich występują niedobory melaniny skórnej. Wzrost melaniny tkankowej hamuje endogenną replikację retrowirusową. Zmniejsza to gęstość endogennych genów skoków wstecznych w genomie homo neandertaliny, czyniąc go sztywnym i nieelastycznym. Ten sztywny nieelastyczny genom prowadzi do redukcji połączeń synaptycznych i słabego rozwoju kory mózgowej w homo neanderthalis. Homo neanderthalis ma dominującą korę mózgową i ma charakter impulsywny. Zwiększona tkanka melaniny w homo neanderthalis jest zdolna do transdukcji energii, co daje im przewagę przetrwania na krańcach euroazjatyckiej północy. Melanina jest zdolna do wyczuwania pól o niskiej EMF, przyczyniając się do pozazmysłowej zdolności percepcyjnej homo neandertalczyków. Homo sapiens rozwinął mutacje albinosów z niedoborem tyrozynazy, które nie mogły przetrwać w tropikalnej Afryce i wyemigrowały na kontynent europejski. Mutacje albinosów pozbawione są melaniny i są podatne na endosymbiotyczną symbiozę archeologiczną prowadzącą do powstania homo neanderthalis z homo sapiens. W ten sposób gatunek ludzki może mieć pochodzenie lądowe, jak w przypadku homo sapiens w Afryce, a także pozaziemskie z archaiki międzygalaktycznej, jak w przypadku homo neanderthalis. Istnieje również gatunek pośredni wyewoluowany z homo sapien albino mutantów o endosymbiotycznej symbiozie archaicznej zwany homo neanderthalis.

Referencje

1. Kurup, R.K. and Kurup, P.A. *Global Warming, Archaea and Viroid Induced Symbiotic Human Evolution - Retrovirus, Prions and Viroids - Porphyrinoids and Viroidelle.* Nowy Jork: Open Science Publishers, 2016.

ROZDZIAŁ 5

POCHODZENIE ODPORNOŚCI NA RETROWIRUSY I POJAWIAJĄCE SIĘ PANDEMIE WIRUSOWE - PRZEKRACZANIE BARIERY GATUNKOWEJ I NOWE WIRUSY - ODPORNY NA RETROWIRUSY I WIRUSY RNA INDO-EUROPEJSKI ARYO-DRAVIDIAN EKSTERMINUJE WRAŻLIWY NA RETROWIRUSY I WIRUSY RNA HOMO SAPIEN

Wprowadzenie

Badania z naszego laboratorium wykazały, że globalne ocieplenie i niski poziom zanieczyszczenia EMF powoduje wzrost endosymbiotycznego wzrostu archeologicznego. Archaiki mogą wytwarzać metanogenezę z wodoru i dwutlenku węgla, jak również z octanu. Metanogeneza ludzkiego ciała może spowodować większe globalne ocieplenie. Metan ma krótkotrwałe działanie, ale jego potencjał globalnego ocieplenia jest 29 razy większy niż dwutlenku węgla. Tak więc ludzki endosymbiotyczny zarastanie archeologiczne jest główną przyczyną globalnego ocieplenia. Globalne ocieplenie jest początkowo wywoływane przez dwutlenek węgla i zanieczyszczenia EMF wytwarzane przez homo sapien industrializacji. Jest ono przenoszone przez ludzkie endosymbiotyczne zarastanie i metanogenezę. Archaiki mogą powodować konwersję komórek macierzystych i neandertalizację gatunku ludzkiego. Archaea katabolizuje cholesterol generując digoksynę, która może modulować edycję RNA i niedobór magnezu, co powoduje hamowanie odwrotnej transkryptazy. Archaiczny katabolizm cholesterolu może zubożyć tratwy błonowe komórki CD4 cholesterolu, uniemożliwiając przedostanie się retrowirusa do komórki. Archaea mogą wytwarzać trwałą aktywację immunologiczną wytwarzając odporność na infekcje wirusowe i bakteryjne. Archealny katabolizm cholesterolu wyczerpuje cholesterol tkankowy produkując niedobór witaminy D i aktywację immunologiczną. W ten sposób archeologiczne zarastanie skutkuje opornością wsteczną i wytwarzaniem fenotypu neandertalskiego. Endosymbiotyczne archaiki mogą wydzielać wirusy takie jak RNA i cząsteczki DNA. Endosymbiotyczne archaiki mogą indukować uwalnianie białek hamujących oksydacyjną fosforylację mitochondrialną i generować ROS. Endosymbiotyczny archaiczny magnetyt może generować niski poziom EMF. Niski poziom EMF i ROS są genotoksyczne i wytwarzają pęknięcia w gorących punktach chromosomu. Może również wywoływać pęknięcia w gorących punktach chromosomu zamieszkiwanych przez retro-wirusowe i nieretrowirusowe elementy wytwarzające ich ekspresję. Wydzielane przez archeologów wiroidy DNA i RNA mogą rekombinować się z wyrażonymi retro-wirusowymi, nieretrowirusowymi elementami i innymi segmentami genomowymi ludzkiego chromosomu wytwarzającymi nowe wirusy RNA i DNA. W ten sposób neandertalizowani ludzie mogą służyć jako źródło nowych wirusów RNA i DNA, jak również zmutowanych retrowirusów. Endosymbiotyczne archaiki przekształcają komórki neandertalczyków w komórki macierzyste. Komórki macierzyste są odporne na atak immunologiczny. Komórki macierzyste mogą służyć jako rezerwuar dla tych nowych wirusów RNA i DNA. Komórki macierzyste i archaiczne mogą również służyć jako rezerwuar dla wirusów i bakterii należących do innych roślin i zwierząt. To pomaga generować gatunkową barierę skok w zauważalny w niedawnych pojawiających się infekcjach wirusowych i bakteryjnych. Tak więc endosymbiotyczny wzrost archeologiczny produkuje neandertalizowaną wersję homo sapiens, które są retroviralne i odporne na inne infekcje wirusowe i bakteryjne wynikające z aktywacji immunologicznej i edycji RNA wywołanej digoksyną. Endosymbiotyczna, archeologiczna wersja homo sapiens z przerostem neandertalicznym generuje nowe zmutowane wirusy RNA i DNA oraz retrowirusy, będąc jednocześnie na nie odporną, jak w przypadku gatunku nietoperza. Homo sapiens nie posiadają neandertalskich mechanizmów aktywacji immunologicznej, ponieważ ich ładunek archeologiczny jest niewielki. Służą jako pasza dla infekcji wywołanych przez neandertalskie wirusy i bakterie i cierpią na ewentualne wyginięcie. [1-17] W niniejszej pracy badano status archeologiczny u pacjentów z nawracającymi infekcjami wirusowymi i zakażeniami retrowirusowymi. Badano również generację wiroidów RNA i DNA z archaiki.

Materiały i metody

Próbki krwi pobierano z normalnej populacji, fenotypu neandertalskiego, zakażenia retrowirusowego i nawracających infekcji wirusowych. W każdej grupie znajdowało się 10 pacjentów, a każdy z nich miał dopasowaną do wieku i płci zdrową kontrolę wybraną losowo z populacji ogólnej. Próbki krwi pobierano w stanie spoczynku przed rozpoczęciem leczenia. Zastosowano osocze z krwi heparynizowanej na czczo, a protokół doświadczalny był następujący: - (I) osocze+fosforan buforowany solą fizjologiczną, (II) taki sam jak substrat I+cholesterolowy, (III) taki sam jak II+cerium 0,1 mg/ml, oraz (IV) taki sam jak II+profloksacyna i doksycyklina, każda w stężeniu 1 mg/ml. Podłoże cholesterolowe zostało przygotowane w sposób opisany przez Richmond. Po zmieszaniu i po inkubacji w temperaturze 37oC przez 1 godzinę próbki wycofywano w czasie zerowym. Przeprowadzono następujące oznaczenia: - cytochrom F420, wolne RNA i wolne DNA. Cytochrom F420 oceniano mącznikowo (długość fali wzbudzenia 420 nm i długość fali emisji 520 nm).

Wyniki

Osocze o fenotypie neandertalskim wykazywało zwiększony poziom wyżej wymienionych parametrów po inkubacji przez 1 godzinę i dodaniu substratu cholesterolowego powodowało dalszy znaczący wzrost tych parametrów. Osocze chorych retrowirusowych i tych z nawracającymi infekcjami wirusowymi wykazywało podobne wyniki, ale stopień wzrostu był nieistotny. Dodatek antybiotyków do osocza kontrolnego powodował spadek wszystkich parametrów, natomiast dodatek ceru zwiększał ich poziom. Dodatek antybiotyków do osocza pacjenta powodował spadek wszystkich parametrów, podczas gdy dodatek ceru zwiększał ich poziom, ale zakres zmian był większy w surowicach o fenotypie neandertalskim w porównaniu z pacjentami z infekcją wsteczną i nawracającymi zakażeniami wirusowymi. Wyniki są wyrażone w tabelach 1-2 jako procentowa zmiana parametrów po 1 godzinie inkubacji w porównaniu z wartościami w czasie zerowym.

Tabela 1. Wpływ ceru i antybiotyków na cytochrom F420

Grupa	CYT F420 % (Zwiększyć za pomocą Ceru)		CYT F420 % (Zmniejszyć za pomocą Doxy+Cipro)	
	Mean	± SD	Mean	± SD
Retrowirusowe i częste infekcje wirusowe	4.48	0.15	18.24	0.66
Fenotyp neandertalczyka	23.46	1.87	59.27	8.86
Wartość F	306.749		130.054	
Wartość P	< 0.001		< 0.001	

Tabela 2. Wpływ ceru i antybiotyków na wolne RNA i DNA

Grupa	DNA % zmiana (Zwiększyć za pomocą Ceru)		DNA % zmiana (Zmniejszyć za pomocą Doxy+Cipro)		RNA % zmiana (Zwiększyć za pomocą Ceru)		RNA % zmiana (Zmniejszyć za pomocą Doxy+Cipro)	
	Mean	± SD	Mean	± SD	Mean	± SD	Mean	± SD
Retrowirusowe i częste infekcje wirusowe	4.37	0.15	18.39	0.38	4.37	0.13	18.38	0.48
Fenotyp neandertalczyka	23.40	1.51	63.68	4.66	23.08	1.87	65.09	3.48
Wartość F	337.577		356.621		427.828		654.453	
Wartość P	< 0.001		< 0.001		< 0.001		< 0.001	

Dyskusja

W wyniku symbiozy archeologicznej dochodzi do katabolizmu cholesterolowego i syntezy digoksyny. Digoksyna ma działanie podobne do APOBEC, co powoduje edycję RNA. Mutuje ona wirusa HIV, hamując jego replikację. Digoksyna jest błonowym inhibitorem ATPazy potasowo-sodowej. Wytwarza wewnątrzkomórkowo niedobór magnezu. Magnez może hamować aktywność odwrotnej transkryptazy, hamując replikację wirusa HIV. Archaiki endosymbiotyczne mogą indukować syntezę porfiryn. Porfiryna może łączyć się z inaktywującym ją wirusem HIV. Endosymbiotyczne archaiki wytwarzają katabolizm cholesterolowy i wykorzystują cholesterol jako źródło energii. Powoduje to modulację tratw błonowych receptora CD4, co skutkuje opornością retrowirusową. Archaiczny katabolizm cholesterolowy powoduje zubożenie cholesterolu i niedobór witaminy D. To powoduje aktywację immunologiczną. Endosymbiotyczny wzrost archeologiczny jako taki wytwarza trwałą aktywację immunologiczną skutkującą odpornością na infekcje wirusowe. Zostało to wykazane u bakterii takich jak Mycobacterium leprae. Geny odpornościowe są zawsze włączone na hamowanie retrowirusowego i innego rodzaju replikacji wirusowej. W wyniku endosymbiotycznego wzrostu archeologicznego następuje zwrot w kierunku rozprzęgania się białek przenoszących ludzkie komórki somatyczne do fenotypu Warburga i typu komórek macierzystych. Komórki macierzyste posiadają energię uzyskaną z glikolizy, a nie z fosforylacji oksydacyjnej mitochondriów. Komórki macierzyste są odporne na zakażenie retrowirusowe i inne zakażenia wirusowe. Tak więc endosymbiotyczny wzrost archeologiczny może hamować replikację HIV i wytwarzać odporność na HIV. [1-17]

Endosymbiotyczny wzrost archeologiczny powoduje neandertalizację gatunku ludzkiego. Homo neandertalis może służyć jako rezerwuar dla infekcji wirusowych, będąc jednocześnie na nią odpornym. Homo neanderthalis posiada fenotyp komórek macierzystych, które mogą służyć jako rezerwuar dla infekcji bakteryjnych i wirusowych. Zostało to wykazane w przypadku mycobacterium tuberculosis, która indukuje transformację komórek macierzystych i przeżywa w obrębie komórki macierzystej odpornej na atak immunologiczny. Ten mechanizm ochronny nie jest dostępny dla gatunków homo sapien i mają one tendencję do ulegania infekcjom wirusowym wynikającym z rezerwuaru homo neanderthalis. [1-17]

Homo neandertalis indukuje indukcję rozprzęgania białek wytwarzających mitochondrialne inhibitory fosforylacji oksydacyjnej i dominującą energię glikolityczną. Powoduje to konwersję do fenotypu komórek macierzystych. Wysoka szybkość metabolizmu powoduje reakcję gorączkową, która włącza układ odpornościowy powodując trwałą aktywację immunologiczną. Wysokie temperatury uszkadzają również komórkę, tworząc system wysokowydajnej naprawy DNA. Skutkuje to trwałą odpornością na infekcje wirusowe w wyniku ciągłej aktywacji immunologicznej oraz wysokowydajną naprawą DNA. Zwiększony wzrost archeologiczny w homo neandertalis powoduje rozprzężenie białek i konwersję komórek macierzystych, co czyni go również odpornym na infekcje wirusowe. To produkuje system rezerwuaru wirusowego w homo neanderthalis jak nietoperze, który służy jako rezerwuar dla wirusa wścieklizny, wirusa ebola i wirusa SARS. Nietoperze mają również archeologiczne endosymbionty. Archeologiczne endosymbionty zostały zademonstrowane na stosie guano nietoperzy. [1-17]

Archeologiczny magnetyt wytwarza podwyższony poziom niskoenergetycznych pól elektromagnetycznych w homo neandertalis, powodując niestabilność genomową. Ludzki genom zawiera sekwencje wirusowe, takie jak wirus ebola, wirus retro i wirus borna. Dzięki archealnemu magnetytowi indukującemu niski poziom EMF, który jest pośrednikiem niestabilności genomowej, elementy wirusowe w ludzkim genomie ulegają ekspresji. Archealny magnetyt indukowany przez EMF niskiego poziomu, jak również archaika sama wytwarzają trwałą, ciągłą aktywację immunologiczną, co zapewnia ochronę przed infekcjami wirusowymi. W ten sposób w homo neandertalis dochodzi do ekspresji elementów wirusowych w genomie funkcjonujących jako pasożyty genomowe, a homo neandertalis służy jako rezerwuar wirusów podobnych do tych występujących u nietoperzy, które są również częścią królestwa naczelnych. Archaiki w homo neanderthalis wydzielają wiroidy DNA i RNA, które mogą się same replikować na szablonach porfirynowych. Wirusopodobne cząsteczki i pozakomórkowe DNA są produkowane przez hipertermofilne archaiki - termokokale. Wiroidy RNA można uzyskać konwersji do DNA przez HERV odwrotnej transkryptazy i uzyskać zintegrowane z genomu neandertalskiego przez integrase. Wiroidy DNA wydzielane przez archaiki mogą również zostać zintegrowane z ludzkim genomem przez integrase. W ten sposób archeologiczne RNA i wiroidy DNA, które są bardzo zróżnicowane, stają się zintegrowane z ludzkim genomem przez integrase i HERV odwrotnej transkryptazy. [1-17]

Niestabilność genomowa genomu neandertalskiego wynikająca z niskiego poziomu EMF generowanego przez archeologiczny magnetyt, jak również archeologiczne porfiryny interkalujące z ludzkim DNA mogą powodować ekspresję elementów wirusowych ludzkiego genomu. Poliribonukleotydy RNA z sekwencji chromosomu 22q11.2 ALU zostały wykazane w surowicy pacjentów z zespołem wojny w Zatoce Perskiej i szpiczakiem mnogim. Ekspozycja na substancje genotoksyczne i niski poziom EMF powoduje aktywację retrotransposonowych elementów ALU, co prowadzi do powstania unikalnych segmentów RNA w surowicy. Poliribonukleotydy RNA mają pokrywę proteolipidową, która jest odporna na trawienie przez enzymy. Białko skokowe wirusa SARS wyraża się w wyniku skomplikowanej reorganizacji genetycznej segmentów chromosomu 7 w wyniku katastrofalnej ekspozycji środowiskowej na EMF. Ludzie i zwierzęta narażeni na działanie broni jądrowej lub chemicznej lub ciągłego promieniowania EMF o niskim poziomie natężenia wytwarzają nowe geny regulacyjne, które są następnie transkrybowane jako niewirusowe mikroorganizmy RNA pokryte błonami proteolipidowymi. Niski poziom EMF i czynników genotoksycznych prowadzi do rearanżacji genów sekwencji ALU z generowaniem polirybonukleotydów RNA pokrytych pęcherzykami proteolipidowymi. Wirus SARS ma być spowodowany złożonym przetasowaniem gorących punktów chromosomu 7.[1-17.]

Archaea powoduje oddzielenie mitochondrialnej fosforylacji oksydacyjnej komórek somatycznych. Archaiczny magnetyt wytwarza ekspresję niskiego poziomu EMF. Reaktywne formy tlenu produkowane przez rozprzężenie mitochondrialnej fosforylacji oksydacyjnej i niski poziom EMF wytwarzany przez archeologiczny magnetyt są genotoksyczne i wytwarzają złożone rearanżacje genomu neandertalskiego, pękanie gorących punktów w chromosomie, które są niezwykle kruche, produkując ekspresję polirybonukleotydów RNA, które mogą zostać przekształcone w polirybonukleotydy DNA przez enzym HERV odwróconej transkryptazy. Polirybonukleotydy RNA i DNA pakowane w proteolipidowe pęcherzyki mogą naśladować wirusy RNA i DNA. Junk DNA ludzi składa się z sekwencji HERV i nieretrowirusowych wirusów RNA jak Ebola i wirusy borna. Są one pasożytami genomowymi. Komórka neandertalska zwiększyła produkcję ROS w wyniku rozprzężenia wywołanego przez archeal. Archealne pole magnetyczne indukowane przez EMF, jak również archaiczne pole magnetyczne indukowane przez archaiczne ROS są genotoksyczne. Narażenie na ROS i niski poziom EMF może spowodować ponowne rozproszenie śmieciowego DNA produkującego nowy rodzaj wirusów RNA, które mogą zostać wyrażone. Wirusowe i nieretrowirusowe elementy ludzkiego genomu, jak również ludzkie sekwencje genomowe same w sobie, które są wyrażone, mogą rekombinować z archeologicznym DNA i wiroidami RNA, wytwarzając nowe zmutowane, niebezpieczne wirusy zarówno typu RNA, jak i DNA w homo neandertalis. Homo neanderthalis mają niesprzężoną fosforylację oksydacyjną i więcej produkcji ROS. ROS służy jako posłańcy modulujący replikację wirusów. Tak więc istnieje genomowa niestabilność indukująca ekspresję elementów wirusowych w genomie neandertalczyka, arktyczna ekspresja wiroidów DNA i RNA, rekombinacja DNA i RNA arktycznych wiroidów z neandertalskimi genomowymi elementami wirusowymi, które są wyrażone i ROS indukuje namnażanie zmutowanego wirusa. [1-17]

Sami homo neandertalczycy są odporni na te wirusy i służą jako rezerwuar dla nich jak ich brat naczelny nietoperz. Homo sapiens mają mniej endosymbiotyczną symbiozę archeologiczną i nie mają indukcji białek rozdzielających, co powoduje, że ich dojrzałe komórki somatyczne jako takie są utrzymywane. Komórka homo sapiens ma dominujący mitochondrialny oksydacyjny metabolizm fosforylacyjny generujący mniej ROS. Komórki homo sapiens są immunosupresyjne. Komórki homo sapiens nie są trwale uodpornione na aktywację immunologiczną, wytwarzając odporność wirusową. Nie mają fenotypu komórek macierzystych. Nie mają dominującego, archeologicznego katabolizmu cholesterolowego modulującego receptory wirusowe. Homo sapiens nie mają syntezy digoksyny hamującej edycję RNA i replikację wirusową. Homo sapiens są kaczkami siedzącymi na infekcje wirusowe generowane przez homo neandertalis, które je infekują i zabijają. Homo neanderthalis, która wygenerowała wirusy, są przede wszystkim odporne na infekcje wirusowe. Gatunek homo sapien ulega eksterminacji z powodu infekcji wirusowej generowanej przez homo neanderthalis. Gatunek homo neanderthalis wykorzystuje infekcję wirusową jako mechanizm eliminujący homo sapiens i wytwarzający dominację gatunkową. [1-17]

Homo neandertalczyk ma archaiki jako endosymbionty. Archaiki zachowują się jak komórki macierzyste i mogą indukować konwersję komórek somatycznych na komórki macierzyste. Komórki macierzyste i archaiczne mogą służyć jako rezerwuary innych gatunków wirusów i bakterii, takich jak wirusy i bakterie roślinne i zwierzęce. Roślinne i zwierzęce wirusy i bakterie mogą prosperować w somatycznych komórkach macierzystych i archeologicznych komórkach gdy uciekają odpornościowego wykrywania. System tkankowy Neandertalczyków można porównać do kolonii lub sieci komórek łukowych/jądrowych, która służy jako rezerwuar dla innych gatunków bakterii i wirusów zwierzęcych i roślinnych, a także jako centrum generujące nowe wirusy RNA i DNA. Wirusy RNA i DNA są tworzone w wyniku rekombinacji pomiędzy wyrażonymi genetycznie przekształconymi bitami ludzkiego chromosomu i wirusów, takich jak cząsteczki DNA i RNA wydzielane przez archaiki. To toruje drogę do generowania nieograniczonej liczby nowych wirusów RNA i DNA, jak również stwarza warunki dla wirusów i bakterii do przekraczania bariery gatunkowej. Dowodem na to jest wirus SARS, wirus nipah i wirus hendry krzyżujący się z gatunkami. Stwierdzono, że wirus glonów zaraża ludzkie mózgi, powodując zaburzenia funkcji poznawczych. The generation of new RNA and DNA viruses and the creation of a stem cell/archaeal reservoir for other species bacteria and viruses, the Neanderthal resistance to infections by viruses and bacteria and the Neanderthals serving as a reservoir for infection results in widespread pandemic in the homo sapien population in Africa and their eventual wipeout. [1-17]

Referencje

1. Weaver TD, Hublin JJ. Neandertal Birth Canal Shape and the Evolution of Human Childbirth. *Proc. Natl. Acad. Sci.* USA 2009; 106:8151-8156.
2. Kurup RA, Kurup PA. Endosymbiotic Actinidic Archaeal Mediated Warburg Phenotype Mediates Human Disease State. *Advances in Natural Science* 2012; 5(1):81-84.
3. Morgan E. The Neanderthal theory of autism, Asperger and ADHD; 2007, www.rdos.net/eng/asperger.htm.
4. Graves P. New Models and Metaphors for the Neanderthal Debate. *Current Anthropology* 1991; 32(5): 513-541.
5. Sawyer GJ, Maley B. Neanderthal zrekonstruowany. *The Anatomical Record Part B: The New Anatomist* 2005; 283B(1):23-31.
6. Bastir M, O'Higgins P, Rosas A. Facial Ontogeny in Neanderthals and Modern Humans. *Proc. Biol. Sci.* 2007; 274:1125-1132.
7. Neubauer S, Gunz P, Hublin JJ. Endocranial Shape Changes during Growth in Chimpanzees and Humans: Analiza morfometryczna Unique and Shared Aspects. *J. Hum. Evol.* 2010; 59:555-566.
8. Courchesne E, Pierce K. Brain Overgrowth in Autism during a Critical Time in Development: Implikacje dla rozwoju Neuronu Piramidalnego i Interneuronu i łączności. *Int. J. Dev. Neurosci.* 2005; 23:153–170.
9. Green RE, Krause J, Briggs AW, Maricic T, Stenzel U, Kircher M, Patterson N, Li H, Zhai W, *et al.* A Draft Sequence of the Neandertal Genome. *Science* 2010; 328:710-722.
10. Mithen SJ. *The Singing Neanderthals: The Origins of Music, Language, Mind and Body*; 2005, ISBN 0-297-64317-7.
11. Bruner E, Manzi G, Arsuaga JL. Encephalization and Allometric Trajectories in the Genus Homo: Dowody z linii neandertalskiej i nowoczesnej. *Proc. Natl. Acad. Sci.* USA 2003; 100:15335-15340.
12. Gooch S. *The Dream Culture of the Neanderthals: Strażnicy Starożytnej Mądrości.* Inner Traditions, Wildwood House, Londyn; 2006.
13. Gooch S. *The Neanderthal Legacy: Obudzenie naszych genetycznych i kulturowych korzeni.* Inner Traditions, Wildwood House, Londyn; 2008.

14. Kurtén B. *Den Svarta Tigern*, ALBA Publishing, Stockholm, Sweden; 1978.

15. Spikins P. Autyzm, Integracja "Różnicy" i Pochodzenie Nowoczesnego Zachowania Człowieka. *Cambridge Archaeological Journal* 2009; 19(2):179-201.

16. Eswaran V, Harpending H, Rogers AR. Genomika odrzuca wyłącznie afrykańskie pochodzenie człowieka. *Journal of Human Evolution* 2005; 49(1):1-18.

17. Ramachandran V.S. The Reith wykłada, BBC Londyn. 2012.

ROZDZIAŁ 6

ANARCHIA GLOBALNA, POGAŃSTWO, ULTRA PRAWICOWA LEWICA, KOLEKTYW PROLETARIACKI, RUCH YELLOW-VEST - ZMIANY KLIMATYCZNE, ARCHEOLOGICZNA SYMBIOZA I NEANDERTALIZACJA

Zmiany klimatyczne, globalne ocieplenie i archeologiczna endosymbioza prowadzą do neandertalizacji ludzkiego mózgu. Archealne magnetytytyty i porfiryny są zdolne do percepcji kwantowej i prowadzi do zaburzeń poznawczych afektywnych móżdżku wynikających z zanikania kory mózgowej i dominacji móżdżku. Prowadzi to do zachowań impulsywnych, gwałtownych zachowań, aktów terrorystycznych, które prowadzą do stanu surrealistycznego i transcendencji. Ruch Yellow-vest dominujący we Francji i rozprzestrzeniający się w innych częściach Europy i świata oznacza tę zmianę mózgu wynikającą z archeologicznej endosymbiozy i neandertalizacji mózgu. Ilościowa percepcja neandertalizowanego mózgu prowadzi do poczucia duchowości i zbiorowej świadomości wśród poszczególnych grup. Ruch Yellow-vest jest połączeniem skrajnie prawicowego i skrajnie lewicowego europejskiego spektrum politycznego. Ruch ten reprezentuje rodzaj globalnej anarchii, jest pozbawiony liderów i stanowi formę demokratycznego protestu opartego na oddolnej sieci i oddolnej organizacji ruchu społeczno-politycznego. Poczucie percepcji kwantowej nadaje grupie duchowość lub świadomość zbiorową. Prowadzi to do świadomości ekologicznej i wzrostu religii pogańskich. Do grup tych należą pracownicy, właściciele małych przedsiębiorstw, przywódcy religijni, grupy o orientacji seksualnej, grupy anarchistyczne, lewicowe i prawicowe, połączone poczuciem wspólnoty jako małej wspólnoty. Te małe grupy są nastawione przeciwko państwom narodowym i globalnym organizacjom prowadzącym do anarchistycznej rewolty. Ruch Yellow-vest rozprzestrzenił się w Europie i niektórych innych częściach świata i jest rodzajem anarchicznej globalizacji z małymi samoorganizującymi się grupami społecznymi. Grupy te walczą o podstawowe interesy społeczności, a ich działania są impulsywne, gwałtowne, agresywne i chaotyczne. Ruch Yellow-vest obejmuje liderów z dalekiej prawicy i dalekiej lewicy, takich jak Farage i Corbyn, Sanders i Trump, Le Pen i Michellon. W Indiach charakteryzuje się ultra prawicowymi grupami hinduskimi i ultra lewicowymi, określanymi jako miejskie i wiejskie naxalsals, które są zarówno antyzakładowe, jak i reprezentują proletariat. To połączenie skrajnie prawicowej i skrajnie lewicowej grupy przeciwko państwu narodowemu i zglobalizowanym społecznościom powoduje anarchiczną różnorodność globalizacji. Globalne ocieplenie prowadzi do neandertalizacji mózgu, będącej konsekwencją archeologicznej endosymbiozy. Neandertalczycy mieli postrzeganie kwantowe i duchowość i byli zorganizowani jako małe grupy społeczne. Mieli matriarchalne tendencje i gender-equality i naprzemienne tendencje seksualne. Organizowali małe kultury plemienne o zbiorowej indywidualności i duchowości wynikającej ze zbiorowej nieświadomości wynikającej z postrzegania kwantowego. Neandertalizacja mózgu prowadzi do współistnienia tendencji socjalistycznych, komunistycznych, faszystowskich, buddyjskich, gandhijskich i anarchicznych. Prowadzi do generowania miast zdominowanych i rządzonych przez cywilne grupy miejskie jako anarcho-kapitalizm i republiki wiejskie lub Janapadhas funkcjonujące w sposób anarchiczny i globalny chaos. Zachowania tych grup są gwałtowne, impulsywne, surrealistyczne i wywołują poczucie transcendencji wynikające z endemicznych zaburzeń poznawczo afektywnych móżdżku. Można je nazwać formą zlokalizowanej plemiennej globalizacji. Jest antyrasistowska, ma klasę proletariacką i ludzi o wielorakich nawykach seksualnych. Jest przeciwny ustalonym strukturom państwa i społeczeństwa i funkcjonuje w trybie anarchicznym. Jest przeciwny ustalonym mediom i funkcjonuje za pośrednictwem mediów społecznych, co prowadzi do medialnej anarchii. Małe grupy są również antyelitarne, antybogate i proletariackie, a jednocześnie duchowe. Duchowość prowadzi do świadomości ekologicznej i pogaństwa. Neandertaliczny kwantowy mózg spostrzegawczy jest zdolny do interakcji z internetem, tworząc hybrydy człowiek-maszyna i stan syntezy. Prowadzi to do zorganizowania zglobalizowanej struktury anarchicznej z państwami miejskimi, Janapadhas i republikami wiejskimi w gandhijskim modelu anarchii z syntezą skrajnie prawicowych i skrajnie lewicowych kultur i grup funkcjonujących jako pozbawione przywódców równe społeczeństwo. Skrajnie lewica i skrajna prawica mogą wyglądać jak przeciwstawne bieguny, ale w neandertalizowanym mózgu z mózgowym zaburzeniem poznawczo afektywnym są one lustrzanymi obrazami zlewającymi się ze sobą, co prowadzi do funkcjonalnej anarchii. Nowa polityczna i społeczna filozofia, która wyznacza następne tysiąclecie, będzie ultra lewicowo-prawnym, proletariackim, anarchistycznym ruchem pogańskim, który zagrażałby ustanowionym państwom narodowym, granicom i globalnym organizacjom. Byłaby to nowa forma globalizacji, oparta na funkcjonalnych anarchistycznych małych państwach miejskich i republikach wiejskich z ultraprawicowo-ultra lewicowym proletariackim zbiorowym socjopolitycznym podłożem filozoficznym.

ROZDZIAŁ 7

ARCHAEAL ENDOSYMBIOSIS - METAFORYCZNE MEMY PŁCIOWE, ARCHAEAL RNA VIROIDAL QUASI-SPECIES CONSORTIA I POCHODZENIE GRUP SPOŁECZNYCH, KASTY, RASY, JĘZYKÓW I KULTURY - INDO-EUROPEJSKIE ARYO-DRAVIDIAN NEANDERTALICZNE SPOŁECZEŃSTWO I JĘZYK

Pogańskie religie wierzące w panpsychizm należą do Indo-Europejczyków, Neandertalczyków i Aryo-Dravidów, którzy wywodzili się z lądu lemuryjskiego, który obejmował półwysep indyjski i Antarktydę. Indo-Europejczycy, Neandertalczycy i Aryo-Dravidianie wywodzili się z lądu lemuryjskiego, który obejmował półwysep Indie i Antarktydę. Skamieniała matrilinowa społeczność Nair w Kerali reprezentuje Indo-Europejską, Neandertalską i Aryo-Dravidiańską społeczność, która wywodzi się ze starego kontynentu Lemuria lub Kumari Kandam łączącego Indie półwyspowe z Antarktydą. Zaginione miasta zostały opisane pod pokrywą lodową Antarktydy i na dnie Oceanu Indyjskiego. Postuluje się w nich pochodzenie z Antarktydy lub Lemurów dla mieszkańców Indo-Europy i Aryo-Dravidów. Asurowie i Dewy są przyrodnimi braćmi i synami Kaszjapa i jego dwóch żon - Diti i Aditi. Aditi urodził Devas, podczas gdy Diti urodził Asuras, Kadru Nagas, Arishta Gandharvas i Yakshas, a Danu Danavas, którzy są demonami. Kasjapa był Saptarishi, który był synem Pradżapatiego Marichi, który był manasaputrą Brahmy. Asuras i Devas są ze sobą powiązani i spokrewnieni. The Bóg the Vedas jak Varuna i Sziwa mieć asuryczny początek. The Indo-Europejczyk i Aryo-Dravidians mieć pospolity początek w półwyspowy India i Antarktyda jako część Lemuriański lądowy masa. Narażenie na globalne ocieplenie i niski poziom EMF prowadzi do archeologicznej endosymbiozy i neandertalizacji populacji. Prowadzi to do powstawania neonandertalczyków lub nowych Aryo-Dravidian lub Indo-Europejczyków. To postuluje hipotezę spoza Azji. Indio-Europejczycy, Aryjczycy, Drawidianie, Mongoloiści, australijscy aborygenci i neandertalczycy są synonimami i powstały na lemurskim kontynencie antarktycznym. Wpisuje się to w hipotezę spoza Azji. Ernst Haeckel postulował, że Hindustan jest miejscem, gdzie zachodziła ewolucja człowieka. Ludzie są spokrewnieni z naczelnymi w Azji Południowej i Południowo-Wschodniej, w tym z Lemurami. Kontynent lemurski lub Kumari Kandam to miejsce, z którego pochodzą Indo-Europejczycy, Aryo-Dravidianie i Neandertalczycy. Obejmuje on Australię, Południowe Indie, Antarktydę, Madagaskar i Republikę Południowej Afryki. Zaginione miasta zostały znalezione na dnie Oceanu Indyjskiego i pod pokrywą lodową Antarktydy. Lemuria lub Kumari Kandam można uznać za Indo-Europejczyk, Neandertalczyk i Aryo-Dravidian Urheimet. Wszystkie te trzy Indo-Europejczyk, Neandertalczyk i Aryo-Dravidian są synonimami. Oni być matriarchalny i kobieta dominujący. Wedyjski sposób postępowania jest oparty na Manusmrithi. Manusmrithi jest podstawą cywilizacji wedyjskiej. Manu był królem Dravidian. Asuras i Devas, jak również Dobro i zło byli braćmi. The tsunami w the Indiański ocean łamać the Lemurian kontynent i Manu prowadzić jego ludzie the Euroazjatycki masa i ustanawiać kolonia w Harappa, Mohenjo-Daro, Sumeria, Persja i Egipt. To jest oryginalny mit o powodzi. Aryjczycy, Drawidianie, Indo-Europejczycy, Anglosasi, Celtowie, Mongolodzi, w tym Chińczycy, Japończycy i Koreańczycy, Słowianie i Bizantyjczycy, szyickie plemiona Iranu, Zoroastryjczycy, plemiona Sufi z Afryki Północnej, Egiptu, Anatolii, Turcji, Kurdystanu, Syryjscy alawici, Amerykanie, południowoamerykańskie i indyjskie plemiona - Aztekowie, Majowie, Inkowie, Polinezyjczycy, Chazarzy i Aszkenazyjczycy oraz australijscy aborygenci należą do indoeuropejskiej, aryjsko-dradyjskiej grupy neandertalczyków. Mają jasny kolor skóry ze względu na ich pochodzenie z Lemurii, w tym z Antarktydy. Amerykanie i Hindusi z Ameryki Północnej i Południowej wyemigrowali z Euroazjatyckich stepów, zwłaszcza z syberyjskiego regionu Ałtaju. Japoński język samurajski jest spokrewniony z językiem Dravidiańskim. Chrześcijaństwo bizantyjskie, chrześcijaństwo gnostyckie, kabala żydowska, rytuały szyickie i kult sufi mają podobieństwo do mistycyzmu hinduskiego. Tradycja mówi, że cywilizacja Majów została stworzona przez hinduskiego architekta Majów, azteccy bogowie Majów i Inków są podobni do bogów hinduistycznych. Wszystkie te grupy kulturowe znajdują się pod parasolem Indo-Europejskiej, Aryo-Dravidyjskiej grupy neandertalczyków, która wywodzi się z Lemurii lub Kumari Kandam, w tym z półwyspu Indii i Antarktydy. Ta kulturowa indoeuropejska, aryo-dravidowska grupa neandertalczyków miała wysoką endosymbiotyczną gęstość archeologiczną i odporność wsteczną. Indo-europejska aryo-dravidowska grupa neandertalczyków była zorganizowana w ramach hierarchicznego systemu kastowego Kshatriyas, Brahmins, Vaisyas i Sudras. Ten system kastowy był zawodowy i praktycznie umiejętności wymagane do rozwoju mózgu każdej kasty wynikały z mechanizmów endosymbiotycznych zmian gęstości symbiotycznej oraz archeologicznego modelowania wiroidalnego quasi-gatunkowego RNA. Kasty były hodowane w celu wygenerowania umiejętności wymaganych do rozwoju mózgu dla każdego zawodu. Ponieważ kasta była substratem symbiotycznym, była wymienna. Byli królowie Sudra, zwłaszcza Maurysi, a między drabinami kasty elastycznej następowało ciągłe przesuwanie się. Indoeuropejska aryjsko-dradyjska populacja neandertalczyków ewoluowała w Lemurii, Antarktydzie, Kumari Kandam, a z powodu powtarzających się tsunami, które rozbiły kontynent, ludność była zmuszona do migracji do indyjskiej masy lądującej jako część Eurazji. Z tej indyjskiej masy lądowej indiańska ludność aryjsko-dradyjska wraz z jej kulturą, umiejętnościami, filozofią i historią migrowała do Harappy, Mohenjo-Daro, Syberii, regionu Ałtaju, Sumerii, Anatolii, regionu euroazjatyckiego, ojczyzny anglosaskiej, Iberii, australijskiej ziemi rdzennej, obu Ameryk i stała się kulturą światową. Tsunami wiązało się z natychmiastową migracją indoeuropejskiej aryjsko-dravidyjskiej ludności neandertalskiej z rozbitej Antarktyki Lemurskiej Kumari Kandam do masywu lądu indyjskiego, który jako część Eurazji i kamień milowy do dalszej migracji był głównym punktem orientacyjnym. Indoeuropejska aryjsko-dravidyjska neandertalska wspólnota Wedów, która migrowała po powodzi do Eurazji, była zorganizowanym społeczeństwem z hierarchicznym systemem kastowym. The vedic społeczeństwo religijny ceremonia zawierać yagna i homas vedic bóg jak Indra, Vishnu, Varuna, Aryaman, Soma i Agni. Religia być elitarny abstrakcyjny religia. The Indo-Europejski Aryo-Dravidian Neandertalczyk migrujący populacja the Indiański masa ziemska che być część Eurazja spotykać z Afrykański imigrant the homo sapien różnorodność kto już osiedlać tam w the Indiański część the Euroazjatycki masa ziemska nad wiek. Ci afrykańscy migranci i muzułmanie znajdowali się poza systemem kastowym. Migranci afrykańscy spoza systemu kastowego Indo-Europejskiej Aryo-Dravidyjskiej Grupy Neandertalczyków to w zasadzie Harijczycy i Adivasi oraz migrujący Afrykańczycy i muzułmanie afroarabscy. Ale między tymi grupami miała miejsce ciągła wymiana idei i wymiana kulturowa. Ci afrykańscy migranci z Etiopii, Sudanu, Somalii i rogu Afryki przywieźli swoją kulturę, bogów i duchowość na subkontynent indyjski. Homo sapien afrykańscy migranci z Rogu Afryki migrowali wzdłuż perskiego wybrzeża do Indii. To homo sapien afrykańskie społeczeństwo było egalitarne i nie istniał system kastowy. Wraz z migrantami afrykańskimi homo sapien Semites, zwłaszcza muzułmanie, migrowali z Rogu Afryki i Arabii do Indii. Homo sapien afrykańscy migranci i muzułmańscy migranci noszący choroby takie jak anemia sierpowata i talasemia do Indii. Indyjsko-europejscy aryjsko-dradyjscy neandertalczycy należeli do systemu kastowego lub do Warny. Afrykańsko-indyjscy i muzułmańscy Indianie znajdowali się poza jasnym systemem kastowym. The bóg the Afrykanin-Indianie zawierać the czarny bóg jak Krishna, Murugan, Shiva i Kali. Przybyli oni z zachodniego wybrzeża Indii, gdzie afrykańscy migranci homo sapien osiedlili się z ich rodzinnej ziemi w Etiopii, Somalii i rogu Afryki. Te migrant miewać płaski nos i byczy warga i segregować the Indo-Europejski Aryo-Dravidian Neandertalczyk rasowo organizować migrant od Lemuria Kumari Kandam z ich vedic kultura i Bóg jak Varuna i Indra. Później the Indo-Europejski Aryo-Dravidian Neandertalczyk populacja adoptować Krishna, Shiva i Kali jako ich swój Bóg. The cześć Shiva, Krishna i Matka Kali być powszechny i the Afrykański imigrant kontynuować ich cześć ich Bóg. Afrykańsko-indyjscy migranci czcili również węże, zwierzęta, słonie, drzewa i rzeki, tak jak czynią to w Afryce. Byli oni panpsychicznymi czcicielami środowiska. Afrykańscy migranci czcili bożków Matki Kali, Sziwy i Kryszny, a ich osady miejskie nazywały się Krishna Garbhas. Ważne hinduskie festiwale Durgi pooja, Kali pooja, Shivarathri, Janmashtami i Holi z ich dźwiękami, kolorem i aktywnością są pochodzenia afrykańskiego. Ci afrykańscy bogowie byli początkowo opisywani w Wedach jako źli, agresywni i niszczycielscy. Później afrykańscy bogowie-migranci i ich festiwale zostały podjęte przez indoeuropejskiego aryjsko-dravidyjskiego neandertalczyka, który połączył je z ich abstrakcyjną elitarną religią wedycką. To samo zjawisko można zaobserwować w ruchu rastafarian, który ewoluował na Jamajce, gdy afrykańscy migranci współdziałali z robotnikami indyjskimi, przywożąc na Jamajkę pracę Brytyjczyków. Afrykańscy migranci powrócili do pogańskiego afrykańsko-indyjskiego sposobu oddawania czci, zwłaszcza Bogu Shiva. Wzięli też na siebie praktykę zapuszczania długich kęsów włosów, jedzenia bhangów czy marihuany i stworzyli wspaniałą muzykę. Wierzyli w Boga Jah jak Brahma, który był w każdym. Przyjęli hinduskie praktyki, a rytuały Voodoo wynikają z tej kombinacji. Etiopczycy, Erytrejczycy, Somalijczycy i kenijscy homo sapien Africans miliony lat temu wyemigrowali do Indii wzdłuż perskiego wybrzeża Makaran i osiedlili się w indyjskiej masie lądowej jako część Eurazji przed nadejściem indyjskiej aryjsko-dravidyjskiej grupy neandertalczyków migrujących z zalanych i rozbitych lemurskich Antarktydy Kumari Kandam. Ale w końcu homo sapien afrykańscy migranci, którzy byli poza systemem kastowym, mieli swoich bogów i festiwale akceptowane przez indonezyjskich aryjsko-dravidiańskich osadników z Lemurii Kumari Kandam. Tak intuicyjny cerebellar dominujący vedic religia Indo-Europejski Aryo-Dravidian Neandertalczyk pochodzić od Lemuria i Kumari Kandam z swój abstrakcyjny pojęcie, yagnas i mantra dodawać dalej panpsychizm religijny pojęcie Shiva, Krishna, Kali, wąż cześć, zwierzę cześć Afrykański migrant India zamieszkały the część India dołączać Euroazjatycki masa ziemia tworzyć mistyczny i abstrakcyjny synkretyczny Hinduski religia. Dwie populacje indoeuropejskiej aryjsko-dravidyjskiej neandertalskiej i afrykańskiej ludności migrującej, w tym plemienia i kasty planowej Harijans poza systemem Warny, pozostały oddzielne. Inny gatunek ludzki - homo sapiens miał niezależne pochodzenie z Afryki i ewoluował z powodu mniejszej gęstości symbiozy archeologicznej i infekcji retro-wirusowej. Cała populacja afrykańska należy do grupy homo sapiens. The Żydowski rasa mieć mieszany początek z Khazarian Żyd mieć neandertalczyk Indo-Europejski Aryo-Dravidian początek i the Sepharidic i Mizrahic Żyd być homo sapien.

Semityccy Arabowie, jak Żydzi sefardyjscy i mizrahiccy, są również afrykańskim homo sapien pochodzenia. Istnieje tarcie pomiędzy indoeuropejską, aryjsko-dradyjską grupą neandertalczyków a afrykańskimi i semickimi grupami muzułmanów i Żydów homo sapien. Homo sapien Semites rozwijają chrześcijaństwo i islam jako korową religię logiki i zorganizowane życie obywatelskie ze swoimi kodeksami postępowania. Afrykańska i europejska religia pogańska była konsumowana przez korowe, logiczne, niemistyczne religie chrześcijańskie i islamskie. Europejski pogaństwo dokonuje zmartwychwstania w Rosji i Europie wraz z dekadencją chrześcijaństwa. Narażenie na globalne ocieplenie i niski poziom EMF prowadzi do archeologicznej endosymbiozy i neandertalizacji ludności. Prowadzi to do powstania nowej grupy neonandertalczyków lub nowych Aryo-Dravidian czy Indo-Europejczyków. Indyjsko-europejscy aryo-drawidacyjni neandertalczycy są w ciągłym konflikcie rasowym z homo sapiens. Przykładami indo-europejskiego tłumienia homo sapiens przez Aryo-Dravidian są: nazistowskie ludobójstwo Żydów, faszyzm i nazizm, niewolnictwo Afrykańczyków i opresja kastowa przeciwko Harijanom w Indiach. Z drugiej strony do przykładów tłumienia homo sapiens przez rasę aryjsko-dravidiańską w Europie należą: szerzenie się chrześcijaństwa na świecie, komunistyczna dominacja Europy, muzułmański podbój Indii i Europy, szerzenie się demokracji i egalitaryzmu przez rewolucję francuską i rosyjską pod przewodnictwem żydowskich przywódców oraz zjawisko globalizacji wywołane przez zdominowane przez Żydów konglomeraty bankowe. Neandertalczyk odporny na infekcje retrowirusowe i neandertalczyk służący jako sanktuarium dla nowo wygenerowanych in situ wirusów RNA może zniszczyć populacje homo sapien, które są wrażliwe na infekcje retrowirusowe i podatne na zakażenie nawracającymi epidemiami wirusów RNA. Stały niski poziom ekspozycji na pola elektromagnetyczne w Internecie, jak również globalne ocieplenie mogą prowadzić do endosymbiotycznego wzrostu archeologicznego i neandertalizacji homo sapiens prowadząc do ich wyginięcia. Indo-europejskie aryo-dravidyjskie neandertalki - nowe i stare - mogą również wyginąć w późniejszym czasie z powodu chorób cywilizacyjnych, takich jak choroba autoimmunologiczna, rak, zwyrodnienia, choroby psychiczne i zespół metaboliczny wywołany przez archeologiczną endosymbiozę.

Gęstości populacji archeologicznej oraz quasi-gatunkowe sieci wiroidalne RNA określają homo sapien/homo neanderthalis, rasę, kastę, społeczność, narodowość, seksualną, metaboliczną, fenotypową, immunologiczną, genotypową neuronalną, psychiatryczną, psychologiczną i indywidualną tożsamość. Jednostki i grupy społeczne były odbiciem pola świadomości protokonsumpcyjnej i łączyły się ze sobą. Różne kasty i rasy można opisać jako dysocjacyjne zaburzenie tożsamości pola świadomości protoconscious. Istniała jedność między rasami i kastami w polu protokonsumpcji. Homo neandertalczycy przyczyniliby się do powstania klasy Kshatriya, klasy Vaisya i Sudrów. The homo sapiens przyczyniać się the reszta the populacja. Homo neanderthalis miał większą symbiozę endoarchaeal i był odporny retroviral. Homo sapiens miał mniejsze zagęszczenie symbiozy archeologicznej, a bardziej endogenną sekwencję retrowirusową w genomie. Kasta i rasa nie są ustalonymi tożsamościami genetycznymi, ale symbiotycznymi reprezentacjami.

Ludzki mózg można uznać za zmodyfikowaną sieć kolonii archaicznych. Archaeony są wieczne i mogą trwać miliardy lat. Mózg ludzki jest w zasadzie systemem przechowywania informacji. Archaion ma dipolarny magnetyt i porfiryny i może funkcjonować jako komputer kwantowy. Archeologiczna kolonia z jego dipolarnego magnetytu i porfiryn w ustawieniach archeologicznych digoksyny indukowanej błony sodowo-potasowej inhibicji ATPazy potasowej może funkcjonować jako system pompowanego fononu pośredniczącego w postrzeganiu kwantowym. Archaeaeon w mózgu jest zdolny do przechowywania informacji w czasie i przestrzeni. Doświadczenia i informacje przechowywane w archaeaonie są nieśmiertelne i wieczne. Archaeaon może mieć istnienie cząstki fali i może istnieć w wielu stanach kwantowych możliwych i może zamieszkiwać wiele kwantowych wielościanów. Interakcja pomiędzy informacjami przechowywanymi w komputerach kwantowych w wielu różnych układach archaicznych we wszechświecie za pomocą oddziaływań kwantowych skutkuje wiecznym istnieniem informacji w wielościanach kwantowych. Informacja w wielościanach kwantowych może mieć cząstkowe istnienie, tworząc nowszy tryb przez kwantowe oddziaływania pomiędzy informacjami przechowywanymi w wielu punktach czasu. To tworzy cząstkowy mityczny świat ludzkiej egzystencji. Są one nazywane Samsarasem. Umysł jest przesyłany do informacji w sieci kolonii neuronów i jej kwantowych komputerach. Informacja przechowywana w sieci kolonii neuronów jest wieczna i może być uznana za cyfrową wersję mózgu, technikę pobierania umysłu lub emulację całego mózgu. Sieć kolonii archeologicznych przechowuje ludzkie doświadczenia w sposób odwieczny i może przyczynić się do biologicznej reinkarnacji.

Memy są budulcem umysłu. Są one również budulcem kultury. Memy składają się na język i religię. Pochodzenie mowy może być również związane z archeologicznymi konsorcjami quasi-gatunkowymi wiroidalnego RNA. Pochodzenie mowy można porównać do epidemii choroby la tourette'a, na którą składają się tiki wokalne, tiki ruchowe, koprolalia i obsesyjne zaburzenia kompulsywne. Jest ona spowodowana obecnością w mózgu po streptokokach przeciwciał przeciwko glikolitycznym przeciwciałom mózgowym. Modulacja wiroidalna archaiczna i RNA poprzez pozaziemskie i lądowe kontakty z mózgiem i symbiozę może produkować tiki wokalne i słowa i zwroty koprolalniane podobne do choroby la tourette'a, wytwarzając prymitywną formę mowy. Tiki ruchowe ewoluowałyby w kierunku artystycznych form tańca i dramatu. Prymitywne tiki wokalne i motoryczne, które byłyby podstawą cywilizowanej mowy, powstałyby jako zespół tikowy będący konsekwencją pozaziemskiej i ziemskiej infekcji archeologicznej i wirusowej RNA oraz symbiozy. Początkowe tiki wokalne i motoryczne byłyby przede wszystkim związane z treściami seksualnymi i mogłyby przyczynić się do koprolalnej formy mowy. Symbioza archeologiczna w populacji homo sapien wytworzyłaby dominującą populację neandertalczyków, a podporządkowana jej klasa niższa i kastowa populacja homo sapien zostałaby oznaczona i opisała synonimy tej koprolalicznej mowy i wokalnej formy tikowej mowy spontanicznej. RNA viroidal quasi-species consortia może być stale edytowane przez archeologiczną digoksynę przyczyniającą się do szerokiego zróżnicowania RNA viroidal quasi-species consortia przyczyniając się do tożsamości gatunkowej w odniesieniu do mowy. Wiroidy RNA są zdolne do transportu transynaptycznego i mogą funkcjonować jako neurotransmitery modulujące pracę mózgu. Wiroidalne quasi-gatunkowe konsorcja RNA są zakaźne i mogą być przenoszone w obrębie określonej populacji, nadając charakterystyczną tożsamość wokalną i motoryczną oraz mowę koprolaliczną. Prowadziłoby to do powstania różnych języków, które zachowują się jak zmutowane populacje wirusowe. Różna rodzina języków odpowiada różnorodności archeologicznych konsorcjów quasi-gatunkowych RNA wiroidalnych pod redakcją archaicznej digoksyny. Ta forma mowy koprolalicznej oraz tiki i gesty wokalno-motoryczne o przeważającej treści płciowej są podkorowe w pochodzeniu i zlokalizowane w zwojach podstawowych i móżdżku. Mózgowe zaburzenia poznawcze wywołują impulsywność, a tiki i mowy koprolalniane są impulsywne i znajdują się poza kontrolą korową. Przysięga i nieprzyzwoite słowa utrzymują się nawet w obecności globalnej afazji i destrukcji kory mózgowej. Mowa koprolityczna i odpowiadające jej tiki wokalne i ruchowe mogą być przekształcone w znaki i ideogramy o treści seksualnej z powodu tików ruchowych lub dysfunkcji móżdżku produkujących ataksję wyrostkową. Znaczenie ideogramów jest zmieniane w przypadku połączenia wielu ideogramów. W ten sposób powstaje język pisany i alfabety wszystkich języków, czego przykładem jest skrypt happański. Języki są konsekwencją archeologicznej infekcji wiroidalnej RNA oraz symbiozy mózgu i rozprzestrzeniają się w społeczności, wytwarzając endemiczne zespoły tików głosowych o różnych cechach dla każdej grupy populacji. Zjawisko to można również nazwać wiro-lingwistyką lub neuro-lingwistyką. Obsceniczny język koprolityczny i tiki z obrazami seksualnymi ewoluowałyby w prymitywny rodzaj religii. Przysięganie na słowa z obscenicznymi treściami wywołuje większą reakcję skóry na stymulację elektryczną. Przysięgane słowa mają również katarktyczny wpływ na czas, do którego osoba używająca tych słów może zanurzyć swoje kończyny w temperaturze poniżej zera. Języki i tiki koprolityczne dają katarktyczny efekt lub transcendencję. Najczęściej używane w języku angielskim są słowa "swear words" lub "coprolalic words". Używane są one w określonym celu lub jako wzmacniacze emocji. Słowa nieprzyzwoite są koprolalnią języka są zlokalizowane do móżdżku i jego połączeń limbicznych. Cerebellum jest miejscem liczenia, formalności, rytuałów, tekstów, magii i form tanecznych. W ten sposób język koprolityczny i obsceniczne tiki wyewoluowałyby w formę prymitywnej religii, która dała społecznościom rodzaj transcendencji. Można to zauważyć w kulcie Shiva i Shakti oraz podobnych kultów w innych częściach świata. Koncepcja Sziwy i Sziki jest najstarszym pojęciem Boga i można ją wywnioskować z cywilizacji happańskiej. W ten sposób język i religia wyewoluowały z archeologicznego RNA wiroidalnego, quasi-gatunkowego zakażenia mózgu i mózgowego zaburzenia poznawczo afektywnego. Wiroidalne quasi-gatunkowe konsorcja RNA są zdolne do ogromnej różnorodności dzięki stałej edycji przez archeologiczną digoksynę. Wiroidy RNA są zdolne do transynaptycznego transportu i rzeźbionych synaptycznych sieci łączności dla każdej dziedziny języka i funkcji religijnych, które są zdolne do dynamicznych zmian z sekund do sekund. Są one zlokalizowane w podkorowych sieciach mózgowych i są automatyczne, impulsywne, prymitywne, seksualne i zmysłowe. Można je uznać za memy lub jednostki przekazu kulturowego. Memy są tworzone przez archeologiczne wiroidalne quasi-gatunkowe konsorcja RNA, przy czym każde z różnych konsorcjów QS stanowi jedną memy, która jest przenoszona w społeczności przez infekcję i nadaje tożsamość społeczności. Język i religia są zakaźne i mogą być uznane za równoznaczne z epidemiami i endemią infekcji wirusowych, które są podatne na ciągłe zmiany przez mutacje. Procedury śledzenia wirusów są obecnie stosowane do śledzenia pochodzenia języków.

Ewolucja językowa związana jest przez różnych autorów z krzykami bólu i rozkoszy z powodu tików wokalnych i motorycznych, jako porównywalnych z niejęzykowymi tikami wokalnymi zespołu la tourette'a. TS wynika z nadwrażliwości receptorów dopaminergicznych. Archealna ścieżka kwasu shikimowego wytwarza nadmiar dopaminy, przyczyniając się do powstania tików wokalnych i ruchowych, a także koprolalii stanowiących podstawę języka, muzyki, religii, tańca i malarstwa. Tiki ruchowe i ataksja wyrostkowa przyczyniłyby się do powstania abstrakcyjnej sztuki malarstwa i tańca. Archeologiczne i RNA zakażenie wiroidalne przekształca mózg, zmieniając łączność synaptyczną i specyficzne dla danego gatunku formy języka i sztuki wynika z horyzontalnego transferu genetycznego wiroidalnych konsorcjów quasi-gatunkowych RNA generowanych z archaicznych i podatnych na archaiczną edycję digoksyny, nadając mu szeroką różnorodność. Tak więc wektory wiroidalne, quasi-gatunkowe konsorcja, które są zaraźliwe, mogą dawać początek memy kulturowej, która jest przenoszalna i daje początek językowi, muzyce, tańcu, literaturze, malarstwu, religii, duchowości i wszystkiemu, co jest wzniosłe dla ludzkości. Archaeal RNA viroidal quasi-species consortia modulated brain synaptic networks leads to cerebellar dominance and shape the communities and individuals political, social and economic views. Cerebellar dominacji z powodu archeologicznych RNA wiroidalnych quasi-gatunkowych konsorcjów prowadzi do impulsywności, altruizmu, pozazmysłowej percepcji kwantowej i komunikacji grupowej, dominacja grupy nad indywidualną i uczucia kontaktu z kolektywem nieświadomości. Prowadzi to do powstania ideologicznych wzorców w mózgu sprawiedliwości społecznej, altruizmu, prymitywnego komunizmu i duchowości. Wzorce te są konsekwencją archaicznego RNA wiroidalnego quasi-gatunkowego zróżnicowania konsorcyjnego i symbiozy produkującej móżdżku afektywne zaburzenie poznawcze i dysfunkcję korową, która zasadniczo przyczynia się do neandertalicznego mózgu. Mózg homo sapien ma mniej archeologicznych symbioz i RNA wiroidalnych quasi-gatunkowych konsorcjów i struktur sieci synaptycznych kodujących egoizm, społeczeństwo obywatelskie, społeczeństwo świeckie, kapitalizm, indywidualność i mniej duchowości. Mózgowe zaburzenie poznawczo - afektywne, będące konsekwencją archeologicznych konsorcjów quasi-gatunkowych RNA, przyczynia się do duchowości, altruizmu i może generować wspólnotę liderów, którzy mogą kierować i wyznaczać jej kierunek. To prowadzi nas do powstania archaicznych i quasi-gatunkowych konsorcjów wiroidalnych RNA. Przestrzeń międzygalaktyczna zawiera sieć porfirów i wbudowaną kolonię wiroidalnych gigantów archaicznych i RNA funkcjonujących jako molekularne kwantowe chmury obliczeniowe w przestrzeni międzygalaktycznej. Archealny magnetyt przyczynia się do powstawania międzygalaktycznego pola magnetycznego, a kondensacja chmury prowadzi do powstawania układu gwiazdowego i galaktyk. Archaiczne i RNA wiroidalne konsorcja quasi-gatunkowe wywodzą się z międzygwiezdnych masywnych porfirów i archeologicznych kwantowych chmur obliczeniowych, które funkcjonują jako masywna boska pozaziemska inteligencja. Ta archeologiczna kwantowa chmura obliczeniowa w przestrzeni międzygalaktycznej zostaje przeniesiona na Ziemię w wyniku oddziaływań meteorycznych i wytwarza archeologiczną symbiozę na naczelnych i homo sapiens, powodując zmiany w kulturze generujące język, sztukę, malarstwo, taniec, muzykę, literaturę i duchowość. Wpisuje się to w freudowską hipotezę o seksualnym podłożu dla nieświadomości. Freud oparł nieświadome pragnienia na instynktach seksualnych i najnowszym umyśle jako połączeniu rozumu, woli i namiętności. Freud traktował problem od wewnątrz jednostki, czyli dla świata ludzkich instynktów seksualnych i konstruował irracjonalny świat umysłu. Podstawą życia jest replikacja. Replikacja zależy od płci i dlatego instynkty seksualne stanowią podstawę języka, kultury i religii. Można to nazwać formą ezoterycznej duchowości. Zespół la tourette'a z jego wokalno-ruchowymi tikami z motywami seksualnymi wynikającymi z archeologicznej symbiozy wiroidalnej RNA może prowadzić do ewolucji malarstwa abstrakcyjnego, tańca, transcendentnej duchowości i języka wynikającego z seksualnych przysięgi. W ten sposób archeologiczne wiroidalne RNA wywołane epidemią zespołu la tourette'a i seksualnych wokalno-ruchowych tików stworzyłyby seksualne memy z genetycznym zróżnicowanym quasi-gatunkowym odpowiednikiem konsorcyjnym RNA zróżnicowanym przez archeologiczne digoksynę za pośrednictwem edycji RNA. Tak więc freudowska psychologia instynktów seksualnych i nieświadomości może prowadzić do transcendencji seksualnej zapośredniczonej przez jungijski mistycyzm.

Starożytne społeczeństwa mają na to dowody w kulcie Shiva i Shakti, a także yoni i linga. Starożytna religia hinduska miała praktyki seksualne zintegrowane jako część kultu. Przysięganie na słowa i nieprzyzwoite słowa były również częścią kultu w niektórych świątyniach na subkontynencie. Wskazuje to na obsceniczne wokalne i motoryczne tiki jako na pochodzenie języka, tańca, muzyki i duchowości z powodu infekcji archeologicznych i RNA wiroidalnych quasi-gatunkowych konsorcjów oraz symbiozę pochodzenia pozaziemskiego z powodu okresowych wpływów meteorycznych. Generują one jednostki przekazu kulturowego, memy opisane przez Dawkinsa. Memy są RNA wiroidalnymi quasi-gatunkowymi konsorcjami edytowanymi i zróżnicowanymi przez archeologiczną digoksynę i zbudowanymi na sieci synaptyczne, które mogą być również zakaźne w danej populacji. Ich pochodzenie jest pozaziemskie i część międzygalaktycznej molekularnej porfirii i archeologicznej sieci kwantowej, która daje początek systemom gwiezdnym i planetom również.

Archaeal RNA viroidal quasi-gatunkowe konsorcja mogą funkcjonować jako neuroprzekaźnik posiadający transport transynaptyczny i mogą modulować łączność synaptyczną. Archaeal RNA viroidal quasi-species consortia są poddawane edycji przez archaiczną digoksynę i generują nowe RNA viroidal quasi-species consortia w zależności od wkładu informacyjnego w świecie zewnętrznym. W ten sposób powstają stany umysłu lub Samsaras. Można je porównać do mutujących infekcji wirusowych. Jeden stan umysłu daje początek innemu stanowi umysłu i jeden zestaw synaptycznych RNA wiroidalnych quasi-gatunkowych konsorcjów daje początek innemu synaptycznemu RNA wiroidalnemu quasi-gatunkowemu konsorcjum digoksyny pośredniczącej edycji. Archaeal magnetite jest zdolny do kwantowej percepcji niskiego poziomu pól elektromagnetycznych z mózgu człowieka i to może hamować aktywność ATPazy sodowo-potasowej i modulować syntezę digoksyny zmieniając charakter RNA wiroidalnych quasi-gatunkowych konsorcjów. Te wiroidalne quasi-gatunkowe konsorcja RNA mogą być transkrybowane do DNA przez odwrotną transkryptazę i być zintegrowane z genomem neuronalnym produkującym dynamikę genomu. W ten sposób archeologiczny magnetyt może modulować przepływ informacji między mózgiem przez kwantowe postrzeganie niskiego poziomu EMF produkujących zmiany w transynaptycznej sieci wiroidalnych quasi-gatunkowych RNA konsorcjów i neuronalnej struktury genomowej przez integrację sekwencji wiroidalnych do niego. Międzygalaktyczne pole magnetyczne archaicznego i RNA wiroidalnego molekularnego kwantowego chmury obliczeniowej może być również postrzegane przez neuronalny archaiczny magnetyt modulujący transynaptyczną sieć wiroidalnych konsorcjów quasi-gatunkowych RNA i jego integracja z neuronalnym genomem zmieniającym go. Samsaras są stanami umysłu i są chwilowe i nie ma stałego stanu umysłu. Stany umysłu podczas istnienia osobowości kończą się śmiertelnością osobowości, ale całość jej działań tworzy stan umysłu lub Samsara niezależny od poprzedniej osobowości. Zatem nie istnieje ciągła świadomość istnienia, a jedynie różne stany umysłu, które powodują powstanie innego zestawu niezależnych stanów umysłu w zależności od oddziaływań informacyjnych stanów umysłu lub karmy. Nie tylko tworzymy świat, ale również tworzymy siebie, nasze ego, naszą samoświadomość i osobowość w sposób ciągły. Od czasu do czasu nasze ciała konceptualizacja doznań, idee i przekonania współpracują ze sobą, tworząc iluzję świadomości. Każdy z nas jest istotą w innym świecie będzie tworzyć z naszej myśli i percepcji. My tworzymy świat i tworzymy siebie. Nie ma żadnego twórcy ani stworzenia, tylko zbiorowa nieświadomość.

Religie świata można podzielić na korowe religie mózgowe, które narzucają ścisły kodeks postępowania cywilnego. Są to religie zorganizowane, o bardzo małej magii i duchowości w ich funkcjonowaniu, z przykładami semickich religii islamu i współczesnego chrześcijaństwa. Religie te są religiami logicznymi i cywilnymi i są zdolne do nieludzkich zachowań w postaci krucjat, inkwizycji, terroryzmu islamskiego, wojen światowych i bomby atomowej. Religie te narzucają ścisły kodeks postępowania, a zachowania seksualne i myślenie są tabu. Przeciwieństwem są religie móżdżkowe, które obejmują hinduizm, zen-buddyzm, sufizm, gnostycyzm i kaballah. Te religie są odbiciem archeologicznych i RNA wiroidalnej sieci transynaptycznej i kwantowej percepcji pól elektromagnetycznych niskiego poziomu produkujących mózgowy zanik korowy i dominacja móżdżku. Prowadzi to do zachowań impulsywnych, doświadczeń magicznych, postrzegania pozazmysłowego, z doświadczenia ciała, transcendencji seksualnej i doświadczeń duchowych. Są to wszystkie religie, które mogą być zlokalizowane do niższych obszarów mózgu kory mózgowej i są odbiciem móżdżku zaburzenia poznawcze afektywne. Równoległość między duchowością a instynktami seksualnymi jest odzwierciedlona w jogicznej terminologii Kundalini, gdzie prąd elektryczny z czakr w podstawie pępowiny wznosi się aż do szyszynki, wytwarzając poczucie transcendencji. Tak więc nie ma dużej różnicy między doświadczeniem duchowym a seksualnym. Znajduje to odzwierciedlenie w hinduistycznych praktykach Tantry. Te religie móżdżku są religiami ludzkimi, gdzie istnieje pozazmysłowe postrzeganie kwantowe i poczucie zbiorowej nieświadomości. Ludzkie zmysły są celebrowane i ludzkość triumfuje. Tak więc duchowe doświadczenie człowieka oraz kultura i język mają podstawy w ludzkim doświadczeniu seksualnym, a seksualna psychologia freudowska stanowi podstawę mistyki jungijskiej. Życie jest wskazywane przez replikatorów, a replikatory oznaczają zachowania seksualne, a zachowania seksualne prowadzą do transcendencji, duchowości, ewolucji języka i ewolucji kultury.

Symbioza przez mikroorganizmy, zwłaszcza archaiczne, napędza ewolucję gatunku. W takim przypadku symbioza może być indukowana przez przenoszenie symbiontów mikroflory i indukowaną ewolucję. Endosymbioza przez archaiki, jak również symbionty w jelitach mogą modulować genotyp, fenotyp, klasę społeczną i grupę rasową jednostki. Symbiotyczne archaiki mogą mieć transmisję poziomą i pionową. Endosymbiotyczny wzrost archeologiczny prowadzi do neandertalizacji gatunku. Neandertalizowany gatunek jest społeczeństwem matriliniowym i obejmuje Dravidian, Celtów, Basków i Berberów. Zahamowanie endosymbiotycznego wzrostu archeologicznego prowadzi do ewolucji gatunku homo sapiens. Obejmuje to Afrykańczyków, najeźdźców aryjskich w północnych Indiach oraz ludność europejską wywodzącą się z Aryjczyków. Symbioza za pośrednictwem ewolucji zależy od flory jelitowej i diety. Zostało to wykazane w drosophila pseudoobscura. Drosophila kojarzy się tylko z innymi osobami jedzącymi tę samą dietę. Kiedy mikroflora jelitowa drosophila zmienia się przez podawanie antybiotyków, łączą się one z innymi osobami odżywiającymi się różnymi dietami. Dieta spożywana przez drosofilę reguluje jej mikroflorę jelitową i nawyki godowe. Połączenie ludzkiego genomu i symbiotycznego mikrobiologicznego genomu nazywane jest hologenomem. Hologenom ten, a zwłaszcza jego symbiotyczny składnik mikrobiologiczny, napędza zarówno ewolucję człowieka, jak i zwierząt. Odległość ewolucyjna pomiędzy gatunkami os zależy od mikroflory jelitowej. Mikroflora jelitowa człowieka reguluje układ endokrynny, genetyczny i neuronalny. Ewolucja człowieka i naczelnych zależy od endosymbiotycznych archai i mikroflory jelitowej. Endosymbiotyczny rozwój archeologiczny determinuje różnice rasowe pomiędzy matriliniowymi społeczeństwami Harappan/Dravidian i patriarchalnym społeczeństwem aryjskim. Macierzyste społeczeństwo Harappan/Dravidian było neandertalskie i zwiększyło endosymbiotyczny wzrost archeologiczny. Endosymbiotyczny wzrost i neandertalizacja mogą prowadzić do choroby autoimmunologicznej, zespołu metabolicznego x, neurodegeneracji, raka, autyzmu i schizofrenii. Neandertalska flora jelitowa i endosymbiotyczne archaiki zostały określone przez nie wegetariańską dietę ketogeniczną o wysokiej zawartości tłuszczu i białka spożywaną przez nie w euroazjatyckich stepach. Homo sapiens w tym klasyczne plemiona aryjskie i afrykańskie zjadły dietę o wysokiej zawartości błonnika i miały niższy wzrost archeologiczny zarówno endosymbiotyczne i jelitowe. Spożycie błonnika pokarmowego determinuje różnorodność mikrobiologiczną jelit. Wysokie spożycie błonnika wiąże się ze zwiększonym wytwarzaniem krótkołańcuchowych kwasów tłuszczowych - kwasu masłowego przez florę jelitową. Maślan jest inhibitorem HDAC i prowadzi do zwiększonego wytwarzania i włączania endogennych sekwencji retrowirusowych. Wysokie spożycie błonnika pokarmowego związane ze zwiększonym spożyciem sekwencji HERV prowadzi do zwiększonej łączności synaptycznej i dominującej kory czołowej, jak widać u gatunków homo sapien. Gatunki neandertalczyków spożywają ketogenną, nie wegetariańską dietę o wysokiej zawartości tłuszczu i białka o niskiej zawartości błonnika. Prowadzi to do zmniejszenia generacji endogennych sekwencji HERV i zmniejszenia elastyczności genomowej u gatunków neandertalczyków. W ten sposób powstaje mniejsza kora mózgowa i dominująca kora mózgowa w mózgu neandertalczyka. Gatunki homo neandertalczyków, dzięki niskiemu spożyciu błonnika pokarmowego, głodują swoje mikrobiologiczne ja. Prowadzi to do zwiększonego wzrostu endosymbiotycznego i jelitowego. Błona śluzowa jelita rozrzedza się w miarę zjadania przez bakterie jelitowe błony śluzowej jelita. Powoduje to wyciek endotoksyny i artefaktów z jelita do krwi łamiącej barierę i wywołuje chroniczny immunostymulujący stan zapalny, który stanowi podstawę chorób autoimmunologicznych, zespołu metabolicznego, neurodegeneracji, zaburzeń onkogennych i psychicznych. Gatunki neandertalczyków odżywiają się dietą o niskiej zawartości błonnika i mają niedobór dostępnych dla mikrobioty węglowodanów, generujących krótkołańcuchowy kwas tłuszczowy. Niedobór maślanu wytwarzanego w jelitach z błonnika pokarmowego może powodować tłumienie przewlekłego procesu zapalnego. Neandertalczycy mają zespół niedoboru produktu ubocznego fermentacji. Indukcja gatunków neandertalczyków zależy od niskiego spożycia błonnika spowodowanego dużą gęstością endosymbiotyczną i mikroflory jelitowej. Gatunki homo sapiens spożywają dietę o wysokiej zawartości błonnika, generującą duże ilości krótkołańcuchowego maślanu kwasów tłuszczowych, który hamuje rozwój endosymbiotyczny i flory jelitowej. Ja mikrobiologiczne gatunku homo sapiens jest bardziej zróżnicowane niż u gatunków neandertalczyków, a gęstość populacji w archaikach jest mniejsza. Skutkuje to ochroną przed przewlekłym zapaleniem i indukcją chorób takich jak choroba autoimmunologiczna, zespół metaboliczny, neurodegeneracja, zaburzenia onkogenne i psychiczne. Gatunki homo sapien mają wyższe spożycie błonnika pokarmowego, które przyczynia się do około 40 g/dzień i zróżnicowaną mikrobiologiczną florę jelitową o mniejszej gęstości populacji archeologicznej. Maślan wytwarzany z błonnika wytwarza stan immunosupresyjny. W ten sposób symbiotyczna flora bakteryjna o mniejszej gęstości populacji archeologicznej wywołuje u gatunku homo sapien. Można to wykazać poprzez eksperymentalną indukcję ewolucji. Wysoka zawartość błonnika pokarmowego o wysokiej zawartości MCT, jak również antybiotyki pochodzące z wyższych roślin oraz transfer mikroflory kałowej z gatunków sapiens mogą hamować metabolizm i fenotyp neandertalczyków oraz indukować ewolucję gatunku homo sapiens. Dieta niskobłonnikowa o wysokiej zawartości tłuszczu i białka oraz transfer mikrobioty w kale z gatunków neandertalczyków może hamować metabolizm i fenotyp neandertalczyków oraz indukować ewolucję homo neanderthalis. Przenoszenie mikroflory jelita grubego z przewagą archai i modulacja endosymbiotycznych archai przez dietę paleo i antybiotyki z roślin wyższych może prowadzić do krzyżowania się gatunków ludzkich między homo neanderthalis i homo sapiens. Hologenom, zwłaszcza flora mikrobiologiczna, endosymbiotyk/jelito napędza ewolucję człowieka i zwierząt i może być eksperymentalnie indukowany. Symbiotyczna flora mikrobiologiczna napędza ewolucję. Każde zwierzę, każdy gatunek ludzki, różne społeczności, różne rasy i różne kasty mają swoją charakterystyczną endosymbiotyczną i jelitową mikroflorę, która może być przenoszona pionowo i poziomo. W ten sposób symbioza napędza ewolucję człowieka i zwierząt.

Można to interpretować na podstawie filaralnej hipotezy o tożsamości grupowej i współpracy kolektywów RNA. Symbioza archeologiczna w jelicie i przestrzeni tkankowej determinuje spekulację człowieka jako homo sapiens i homo neanderthalis. Endosymbiotyczne archaiki mogą wydzielać wiroidy i wirusy RNA, a między nimi istnieje relacja wiroid-archaeal żywiciel. W archaikach może wystąpić dynamiczny stan lizy i trwałości wirusa, co sugeruje, że w archaikach może wystąpić uzależnienie od wirusów. Wiroidy RNA w archaeach koordynują swoje zachowanie poprzez wymianę informacji, modulację i innowacje, generując nowe treści oparte na sekwencji. Dzieje się tak ze względu na zjawisko symbiozy, w przeciwieństwie do koncepcji przeżycia najsilniejszego. Generowanie nowych sekwencji wiroidalnych RNA jest wynikiem praktycznych kompetencji żywych czynników do generowania nowych sekwencji poprzez symbiozę i dzielenie się nimi. Stanowi to wysoce produktywne konsorcja quasi-gatunkowe RNA dla ewolucji, zachowania i plastyczności środowisk genomowych. Motywy behawioralne RNA to struktury pojedynczej pętli macierzystej. Posiadają one możliwości samodzielnego składania i budowania grup w zależności od potrzeb funkcjonalnych. Proces ewolucji zależy od tego, co Villareal nazywa konsorcjami pętli macierzystej RNA. Cała jednostka może funkcjonować tylko wtedy, gdy uczestniczące grupy wiroidów RNA mogą uzyskać koordynacje ich funkcji. Istnieje kompetentne denovo generacji nowych sekwencji przez wspólne działania, a nie przez konkurencję. Te RNA wiroidalne grupy konsorcja mogą przyczyniać się do tożsamości gospodarza, tożsamości grupy i odporności grupy. Terminem używanym w tym celu jest socjologiczne zachowanie wiroidów RNA. Wiroidy RNA mogą budować grupy, które atakują archaiki i rywalizują jako grupa o ograniczone zasoby takich genomów gospodarza. Kluczowy motyw behawioralny jest w stanie zintegrować uporczywy styl życia w kolonii archaicznej z modułem uzależnienia tworzącym konkurencyjne grupy wiroidalne, które przeciwstawiają się równoważeniu się wraz z systemem odpornościowym archaicznym/gospodarzem. Prowadzi to do stworzenia tożsamości kolonii archeologicznej i gospodarza homo neandertalczyka. Wiroidy mogą zabić swojego żywiciela, a także skolonizować go bez choroby i chronić go przed podobnymi wirusami i wiroidami. Wraz z lizą i ochroną widzimy skolonizowanego żywiciela wiroida, który jest zarówno symbiotyczny jak i innowacyjny, nabywając nowe kompetentne kody. Tak więc relacja wiroid-żywiciel jest wszechobecną, starożytną siłą w powstawaniu i ewolucji życia. Skumulowana ewolucja na poziomie wiroidów RNA jest jak efekt grzechotki używany do transmisji memy kulturowej. To uczenie się kumuluje się tak, że każda nowa generacja nie może powtarzać wszystkich innowacyjnych myśli i technik. Quasi-gatunki wiroidów RNA są kooperatywne i wykluczone z innych quasi-gatunków. Posiadają grupowe rozpoznanie różnicujące auto-grupy i nie-samodzielne grupy, co pozwala quasi-gatunkowym promować powstawanie tożsamości grupowej. W przypadku tożsamości grupowej za pośrednictwem przeciwstawnych modułów uzależnień muszą być obecne i działać w sposób spójny dwa przeciwstawne składniki oraz definiować grupę jako całość. Tożsamość biologiczna składa się z dynamicznych interakcji grup kooperacyjnych. Moduł uzależnienia od wirusów jest istotną strategią dla istnienia życia w wirosferze. Wirusy są zakaźne i mogą utrzymywać się w określonej populacji żywiciela, prowadząc do powstania formy odporności/tożsamości grupy, ponieważ identyczna, ale nieskolonizowana populacja żywiciela pozostaje podatna na zabójcze działanie wirusów litycznych. W ten sposób widzimy, że wirusy są niezbędne do zapewnienia przeciwstawnych funkcji dla uzależnienia (trwałość/ochrona i lityka/ zabijanie). Wiroidy mogą funkcjonować jako konsorcja, zasadnicza grupa interakcji i dostarczają mechanizmu, z którego może wyłonić się funkcja konsorcyjna w powstaniu życia protobiotycznego. Pasożyty genetyczne mogą działać jako grupa (qs-c). Aby jednak grupa ta była spójna, musi osiągnąć tożsamość grupową i zazwyczaj odbywa się to za pomocą strategii uzależnień. System antywirusowy i prowirusowy w archaikach same wyłaniają się u żywiciela z informacji pochodzących od wirusa. Same archaiczne wirusy pełnią krytyczną funkcję wymaganą do obrony antywirusowej. Przeciwstawne funkcje są podstawą modułów uzależnień. Tak więc pojawienie się tożsamości grupowej staje się istotnym i wczesnym wydarzeniem w powstawaniu życia. Jest to spójne z podstawowym zachowaniem grupowym wiroidów RNA w archaeach. Taki dobór grupy i tożsamość grupowa są potrzebne do stworzenia spójności informacji i tworzenia sieci oraz do stworzenia systemu interakcji komunikacyjnych i kodowych kompetentnych. Tożsamość ta służy jako informacja również dla tych, którzy nie mają tej tożsamości. Jest to początek zdolności różnicowania siebie/nie-ja. W ten sposób wiroidy promują powstawanie tożsamości grupowej w koloniach archeologicznych i żywicieli ludzi. Tożsamość kolonii archeologicznych zależy od kolonizującego zestawu wiroidów RNA produkujących spójną sieć, która obejmuje przeciwstawne funkcje i sprzyja przetrwaniu nowych informacji pochodzących od pasożytów. Na podstawie funkcji populacyjnych DNA RNA może być uznane za siedlisko dla konsorcjów RNA. W ten sposób wiroidy RNA z archaiki są zaangażowane w złożoną tożsamość wielokomórkową. Jest to nazywane przez Villarreal jako hipoteza Gangena. Gangen opisuje pojawienie się wspólnego użycia kodu, członkostwo w grupie i wspólną funkcję życiową wiroidów RNA. Komunikacja jest kodem zależnym od interakcji, a transmisja kodu zakaźnego określa pochodzenie wirosfery. Kwestia ta odnosi się do idei kolektywu wiroidów RNA z nieodłącznymi cechami toksycznymi i antytoksycznymi powinny być w stanie przekazać lub przekazać te czynniki i ich cechy do pobliskiej konkurencyjnej populacji. Zdecydowanie sprzyja to przetrwaniu populacji wiroidów RNA z kompatybilnymi modułami uzależniającymi, które będą hamować toksyczność czynnika i pozwolą na przetrwanie nowych czynników. Jest to więc przetrwanie uporczywie skolonizowanego zestawu, który z natury jest procesem symbiotycznym i konsorcyjnym. Promuje on również zwiększenie złożoności i tożsamości / odporności zbiorowości gospodarza poprzez kolonizację nowego czynnika i stabilny dodatek. W ten sposób transmisja czynników RNA osiąga zarówno komunikację jak i uznanie przynależności do grupy. W ten sposób pojawienie się wirosfery musiało być wczesnym wydarzeniem w początkach życia i tożsamości grupowej. Wirusy i wiroidy są genetycznymi pasożytami i najliczniej żyjącymi bytami na ziemi. Wirosfera jest siecią zakaźnych czynników genetycznych. Ewolucja, zachowanie i plastyczność tożsamości genetycznych są wynikiem współpracy konsorcjów wiroidów RNA, które są kompetentne do komunikowania się. W ten sposób archeologiczne konsorcja wiroidów mogą symbiotycznie dzielić się i komunikować, tworząc nowe sekwencje i nadając kolonii archeologicznej tożsamość. Dieta oparta na niskiej zawartości błonnika i ekstremalnych temperaturach stepu euroazjatyckiego prowadzi do rozmnażania się i indukcji gatunku homo neanderthalis. Charakterystyka kolonii archeologicznej jest określana przez współpracujące konsorcja wiroidów RNA w archaeach, a tożsamość kolonii archeologicznej określa tożsamość gatunku homo neanderthalis. W ten sposób kolonie archeologiczne z ich quasi gatunkowymi konsorcjami wiroidów RNA określają tożsamość homo neanderthalis. Nowa generacja sekwencji przez konsorcja wiroidów RNA o charakterze symbiotycznym przyczynia się do różnorodności zachowań i kreatywności populacji homo neanderthalis. Archeologiczne wirusy i wiroidy RNA oraz same kolonie archeologiczne chronią populację homo neanderthalis przed zakażeniami retrowirusowymi. W ten sposób populacja homo neanderthalis jest odporna na zakażenia retrowirusowe, a quasi-gatunkowe konsorcja archaicznych i archaicznych wiroidów nadają im grupową tożsamość jako odpornym na zakażenia retrowirusowe. W ten sposób konsorcja quasi-gatunkowe wiroidów archaicznych i RNA nadają kolonii homo neanderthalis tożsamość i wyobrażenie o sobie. Homo neanderthalis jest odporny na infekcje retrowirusowe jak australijscy aborygenowie, a endogenne sekwencje retrowirusowe w genomie neandertalskim są ograniczone. Prowadzi to do braku plastyczności i dynamiki ludzkiego genomu i kory mózgowej w źle rozwiniętej z dominującą impulsywną korą mózgową w populacji homo neanderthalis. W ten sposób powstaje impulsywny, twórczy, surrealistyczny duchowy mózg neandertalczyka. W miarę jak temperatura spada i kończy się epoka lodowcowa, gęstość populacji archeologicznej również spada. Może to również wynikać ze spożycia diety o wysokiej zawartości błonnika na kontynencie afrykańskim. Dieta o wysokiej zawartości błonnika pokarmowego trawionego przez klastry klostridialne w okrężnicy sprzyja syntezie maślanu i maślan indukuje hamowanie HDAC i ekspresję sekwencji wstecznych w genomie naczelnego. Prowadzi to do wzrostu endogennych sekwencji retrowirusowych w ludzkim genomie, zwiększając dynamikę genomową i ewolucję skomplikowanej kory mózgowej dominującej mózgu z jego skomplikowaną łącznością synaptyczną w homo sapiens. To prowadzi do logicznego, zdroworozsądkowego, pragmatycznego i praktycznego homo sapiens mózgu. Homo sapiens z powodu braku archaiki i wiroidów RNA są podatne na zakażenie retrowirusowe. Tak więc kolonie archaiczne i wiroidalne quasi-gatunkowe konsorcja RNA określają ewolucję gatunku ludzkiego i sieci mózgowych. Tak więc ekstremalne temperatury, spożycie włókien, gęstość kolonii archeologicznych, RNA wiroidalne quasi-gatunki, tożsamość grupy i odporność retroviral decyduje o ewolucji homo sapiens i homo neanderthalis, jak również sieci mózgowych. Obecne ekstremalne wartości temperatury i niski pobór włókien w cywilizowanym społeczeństwie mogą prowadzić do wzrostu gęstości populacji archeologicznej i quasi-gatunkowych sieci wiroidalnych RNA, generując nowy homo neanderthalis w nowym neandertalskim wieku antropocenowym w przeciwieństwie do obecnego wieku antropocenowego homo sapiens. Gęstości populacji archeologicznej i quasi-gatunkowe sieci wiroidalne RNA określają gatunki homo sapien/homo neanderthalis, rasowe, kastowe, wspólnotowe, narodowe, seksualne, metaboliczne, fenotypowe, immunologiczne, genotypowe neuronów, psychiatryczne, psychologiczne i indywidualne. Archaea wydziela digoksynę trefonową, która może edytować wiroidy RNA i generować nowe sekwencje. Archaiczne dipolarne magnetytu i porfiryn w ustawieniach digoksyny indukowanej błony sodowej ATPazy potasowej ATPazy może produkować pompowany system fononowy pośredniczy kwantowy stan spostrzegawczy i kwantowej komunikacji w RNA wiroidalnego systemu symbiotycznego generującego nowe sekwencje przez steroidowego digoksyny enzymatycznej akcji edycji. To daje podstawę do archeologicznych RNA wiroidalnych quasi-gatunkowych symbiotycznej różnorodności i tożsamości gatunku, rasy, kasty, płci, kultury, jednostki i tożsamości narodowej.

Korzenie zachodniej choroby cywilizacyjnej mogą być związane z głodowaniem mikroflory jelita grubego. Mikroflora jelita grubego jest uzależniona od węglowodanów złożonych pochodzących z błonnika pokarmowego. Przetworzona żywność o wysokiej zawartości białka, tłuszczu i cukrów jest trawiona i wchłaniana w żołądku i jelicie cienkim. Bardzo niewielka jej część dociera do jelita grubego, a powszechne stosowanie antybiotyków w medycynie spowodowało masowe wyginięcie mikroflory jelita grubego. Mikroflora jelita grubego jest niezwykle zróżnicowana, a jej różnorodność zostaje utracona. W jelicie grubym znajduje się 100 bilionów bakterii należących do 1200 gatunków. Regulują one układ odpornościowy poprzez indukowanie komórek T-regulacyjnych. Dieta o wysokiej zawartości błonnika przyczynia się do różnorodności mikrobioty jelita grubego. Interakcje ze zwierzętami gospodarskimi, takimi jak krowy i psy również przyczyniają się do zróżnicowania mikroflory jelita grubego. Typowa zachodnia dieta o wysokiej zawartości tłuszczu, białka i cukrów zmniejsza różnorodność mikroflory jelita grubego i zwiększa archaiczność jelita grubego/endosymbiotyczną, powodując metanogenezę. Archaiki jelita grubego żywią się śluzową wyściółką jelita grubego i powodują wyciek archaiki do krwi i układu tkankowego, co prowadzi do powstania endosymbiotycznych archaiki. Prowadzi to do przewlekłego stanu zapalnego. Dieta z wysokim błonnikiem pokarmowym Afrykańczyków, Amerykanów Południowych i Hindusów produkuje zwiększoną różnorodność mikrobioty jelita grubego i wzrost klastrów klostridalnych generujących SCFA w jelitach. Dieta wysokobłonnikowa chroni przed syndromem metabolicznym i cukrzycą. Zespół metaboliczny jest związany z degeneracją, nowotworami, chorobami neuropsychiatrycznymi i autoimmunologicznymi. Dieta wysokobłonnikowa do 40 g/dzień może być nazywana dietą jelitową. Mikroflora jelita grubego, a w szczególności klaster klostridalny, trawi błonnik, wytwarzając krótkołańcuchowe kwasy tłuszczowe, które regulują odporność i przemianę materii. Dieta wysokobłonnikowa zwiększa wydzielanie błony śluzowej jelita grubego oraz grubość wyściółki śluzowej. Dieta bogata w błonnik pokarmowy powoduje wzrost ilości kłębków i wydzieliny śluzu. W ten sposób tworzy się silna bariera dla krwi jelitowej i zapobiega się endotoksemii metabolicznej, która wywołuje przewlekłą odpowiedź zapalną. Wysokie spożycie błonnika pokarmowego i różnorodność mikroflory jelita grubego z wyraźnymi skupiskami klostridalnymi wytwarzającymi SCFA są ze sobą powiązane. Klostridalne skupiska metabolizują złożone węglowodany zawarte w błonniku pokarmowym do krótkołańcuchowych maślanów, propionianów i octanów kwasów tłuszczowych. Zwiększają one funkcję regulatora T. Dieta bogata w błonnik pokarmowy zwiększa ilość bakterii i redukuje jędrność mikroflory jelita grubego. Dieta o wysokiej zawartości błonnika wiąże się z niskim wskaźnikiem masy ciała. Dieta o niskiej zawartości błonnika pokarmowego zwiększa wzrost tkanki jelita grubego, jak również tkanki endosymbiotycznej i archaiki krwi. W ten sposób powstaje więcej metanogenezy niż krótkołańcuchowej syntezy kwasów tłuszczowych przyczyniającej się do aktywacji immunologicznej. Dieta o niskiej zawartości błonnika wiąże się z wysokim wskaźnikiem masy ciała i przewlekłym ogólnoustrojowym stanem zapalnym. Myszy wolne od zarazków wykazują zanik serca, płuc i wątroby. Mikroflora jelitowa jest niezbędna do wytwarzania układów narządowych. Mikroflora jelitowa jest również potrzebna do generowania komórek T-regulacyjnych. Wysokie spożycie błonnika powoduje większe zróżnicowanie mikrobioty jelitowej oraz wzrost skupisk klostridalnych i fermentacji przez produkty takie jak maślan, który tłumi stan zapalny i zwiększa liczbę komórek regulujących T. Dieta o niskiej zawartości błonnika pokarmowego prowadzi do zwiększenia przyrostu archeologicznego, metanogenezy, zniszczenia wyściółki śluzowej i wycieku z archaicznych części jelita grubego, wytwarzających tkankę endosymbiotyczną i archaiczne części krwi. Powoduje to nadreaktywność immunologiczną przyczyniającą się do powstawania współczesnych plag cywilizacyjnych - zespołu metabolicznego, schizofrenii, autyzmu, nowotworów, autoimmunizacji i zwyrodnień. Mikrobiota jelitowa napędza ludzką ewolucję. Ludzie nie są gospodarzami mikrobioty jelitowej, ale mikrobiota jelitowa jest naszym gospodarzem. System ludzki stanowi rozbudowane laboratorium hodowlane dla rozmnażania się i przetrwania mikrobioty. System ludzki jest wywoływany przez mikrobiotę dla ich przetrwania i wzrostu. System ludzki istnieje dla mikrobioty, a nie na odwrót. Ten sam mechanizm sprawdza się w systemach roślinnych. Rośliny zaczęły kolonizować ziemię, ponieważ zaczęły symbiotyzować z bakteriami w systemach korzeniowych, które mogą pobierać substancje odżywcze z gleby. Ludzie tworzą mobilne laboratorium hodowlane dla bardziej efektywnego rozmnażania i przetrwania mikrobioty. Mikrobiota indukuje powstawanie wyspecjalizowanych komórek odpornościowych zwanych wrodzonymi komórkami limfoidalnymi. Wrodzone komórki limfoidalne kierują limfocyty tak, aby nie atakowały korzystnych bakterii. Tak więc endosymbiotyczne archaiki i archaiki jelitowe wywołują ewolucję człowieka, naczelnego i zwierzęcego, aby generować dla nich struktury umożliwiające przetrwanie i rozmnażanie się. Źródłem endosymbiotycznych archai, trzeciego elementu życia, są archaiki jelita grubego, które przeciekają do przestrzeni tkankowych i układów krwionośnych z powodu naruszenia bariery krwi jelitowej. Wzrost występowania archaicznych jelit spowodowany jest głodem mikroflory jelitowej wynikającym z diety o niskiej zawartości błonnika. Powoduje to zwiększenie wzrostu jelita grubego i zniszczenie klostridalnych skupisk i bakterioidów. Zwiększenie wzrostu jelita grubego w obecności głodu spowodowanego dietą o niskiej zawartości błonnika zjada wyściółkę śluzową i powoduje przełamania bariery krwi w jelitach. Archaiki jelita grubego przedostają się do krwioobiegu i wytwarzają endosymbiozę generując archaiki endosymbiotyczne oraz różne nowe organelle - fruktozoidy, steroidy, witaminocyty, wiroidelle, neurotransminoidy, porfirynoidy i glikozaminoglikoidy.

Kolibri 360 GmbH
Ferdinand-Jühlke-Straße 7
99095 Erfurt, Deutschland
produktsicherheit@kolibri360.de

Druck:
CPI Druckdienstleistungen GmbH
im Auftrag der
Kolibri 360 GmbH
Ferdinand-Jühlke-Str. 7
99095 Erfurt